図説

伊能忠敬の地図をよむ

渡辺一郎

河出書房新社

CONTENTS

図説 伊能忠敬の地図をよむ 目次

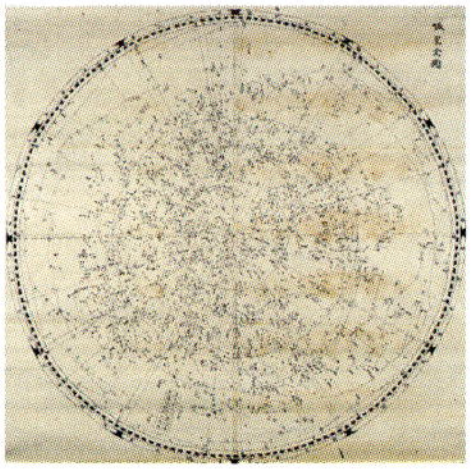

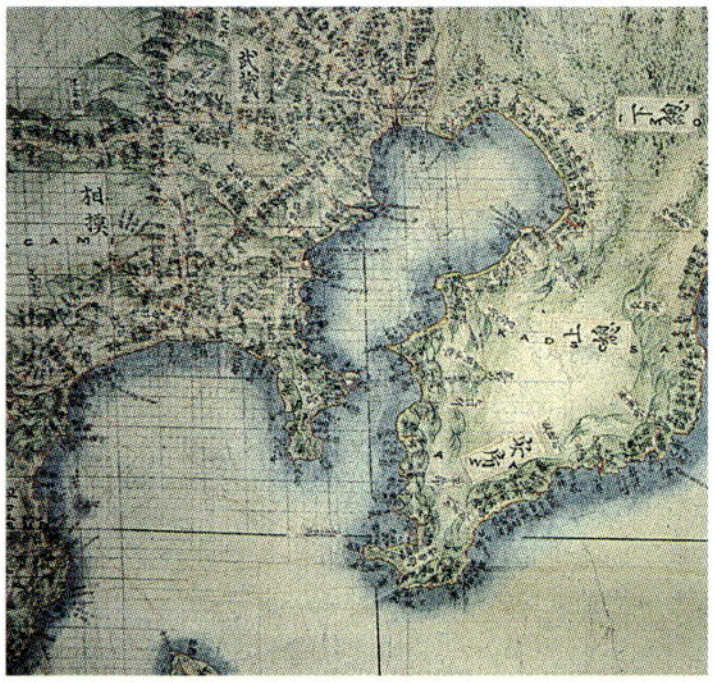

第6章
日本全国の測量（西日本編）

第7章
最終版伊能図の完成

序章

伊能忠敬の再発見

伊能の日本図はなぜつくられたのか

明治時代の中期から伊能忠敬は偉人とされてきたが、彼が残した日本地図の評価について、戦前はあまり言われてこなかった。

伊能図はなぜ作られたのか。これまでは、外国船が近海に出没する国際情勢のもとで正確な地図の必要性が生じて、忠敬に測量を命じたと言われてきた。そういう要素もあったかもしれない。しかし、筆者は本当の動機は逆だと思っている。つまり、伊能が作った実測図を見た当時の幕府の閣僚が、今すぐではないが今後はこういう地図が必要になると鋭い直観で感じたのではないかと考える。幕閣には、松平《まつだいら》定信《さだのぶ》が任用した改革派が多かった。

もし海防のために必要な地図を整備したのであれば、防備を命じられた諸藩に対してはその地図を貸与したり支給しなければならないが、そのようなことはなかった。伊能測量隊はまた、作業に付き添う諸藩の藩士にも作業の結果を知らせることを禁止されていた。伊能図制作の真の動機は、当時の記録からは確認できない。外国船云々という話は、おそらく明治以降いわれたことであろう。

明治以降に活躍する伊能図

じつは、忠敬の地図が本当に幕府の書庫から開放されて庶民のものとなるのは、伊能図が幕府に提出（1821年）されてから50年後の明治になってからであった。

伊能図は秘図であったとも言われるが、これも必ずしも正しくないと思われる。江戸期には厳密な実測図は必要なかったのである。おおよその距離と徒歩交通に必要な情報を書き入れた絵図があれば、充分であった。だか

伊能忠敬の肖像　下役、青木勝次郎の筆である。青木は第6次（四国）測量と第7次（九州第1次）測量に従事し、主として沿道風景の写生を担当した。在府時は伊能図の仕立てにあたった。（国指定重文・伊能忠敬記念館蔵）

大日本沿海輿地全図「中図」（最終版伊能中図・関東部分）　代表的な伊能図の一つ。測量当時の老中で吉田藩主だった大河内松平家に伝えられたもので、戦後に東京国立博物館に寄贈された。全8枚で日本全国をカバーする。（国指定重文・東京国立博物館蔵）

C O L U M N

江戸時代の国絵図

伊能図と同じく幕命によって全国的に制作された地図に国絵図がある。国絵図は、慶長、正保、元禄、天保年間の4回にわたって作られた。伊能図は元禄国絵図と天保国絵図の間に作られたことになる。

どちらも手書きの巨大な彩色図だが、作り方はまったく異なる。国絵図は一国一枚に描いて領主から提出させたもので、時には複数の大名が絵図元になって各領主の地図をとりまとめた。

●国絵図も使った伊能隊

国絵図には真図、行図、草図の3種類あるが、幕府が大名に指示したのは草図で、縮尺は1里＝6寸で、2万1600分の1だった。縮尺を当時は分間《ぶんけん》と言い、縮尺をきめた図を分間図《ぶんけんず》と呼んで、見取り図と区別した。分間の草図は、一国を一枚に描かれたので図幅が大きく折り図になっていて、山、川、街道を記入し、郡別に色分けした楕円の中に村名、村高などを入れる。一般に山部は青か緑、水部は紺青、田畑は黄か茶、道筋は慶長以来、朱に彩色された。

伊能図も国絵図も分間図であることは共通している。伊能図は実測精度は格段によいが、測線から遠い村々はまったく描かれていない。彩色はほぼ共通だが、城下、町並み、街道、山岳などの絵画表現は、伊能図のほうがはるかに写実的で楽しい。しかし伊能隊は測量に国絵図を持参していて、充分参考にしている。伊能図は、自隊のデータを中心に国絵図や村方の資料など総合した芸術品であったと言えるだろう。

正保国絵図（和泉国絵図・写本）　国絵図の一例。伊能図と違って測線沿いの村名のみでなく、国内のすべての村名と位置を郡別に色分けされた楕円に描く。道路の距離は概略である。（神戸市立博物館蔵）

同時代の日本地図（享保年度幕府撰・日本図）　元禄国絵図を享保4（1719）年に建部賢弘《たけべかたひろ》（1664-1739）が中心となって修正してまとめられた日本図の写本。国別に色分けし、大きな主要街道を墨線、その次の水準の街道を朱線で表現し、河川や湖沼などの水系を丁寧に描く。沿海の航路もある。建部は忠敬より約100年前の人物だが、日本図をまとめるには天測が有効なことを提唱した。しかし忠敬まで実行した者はいなかった。（国立歴史民俗博物館蔵・秋岡コレクション）

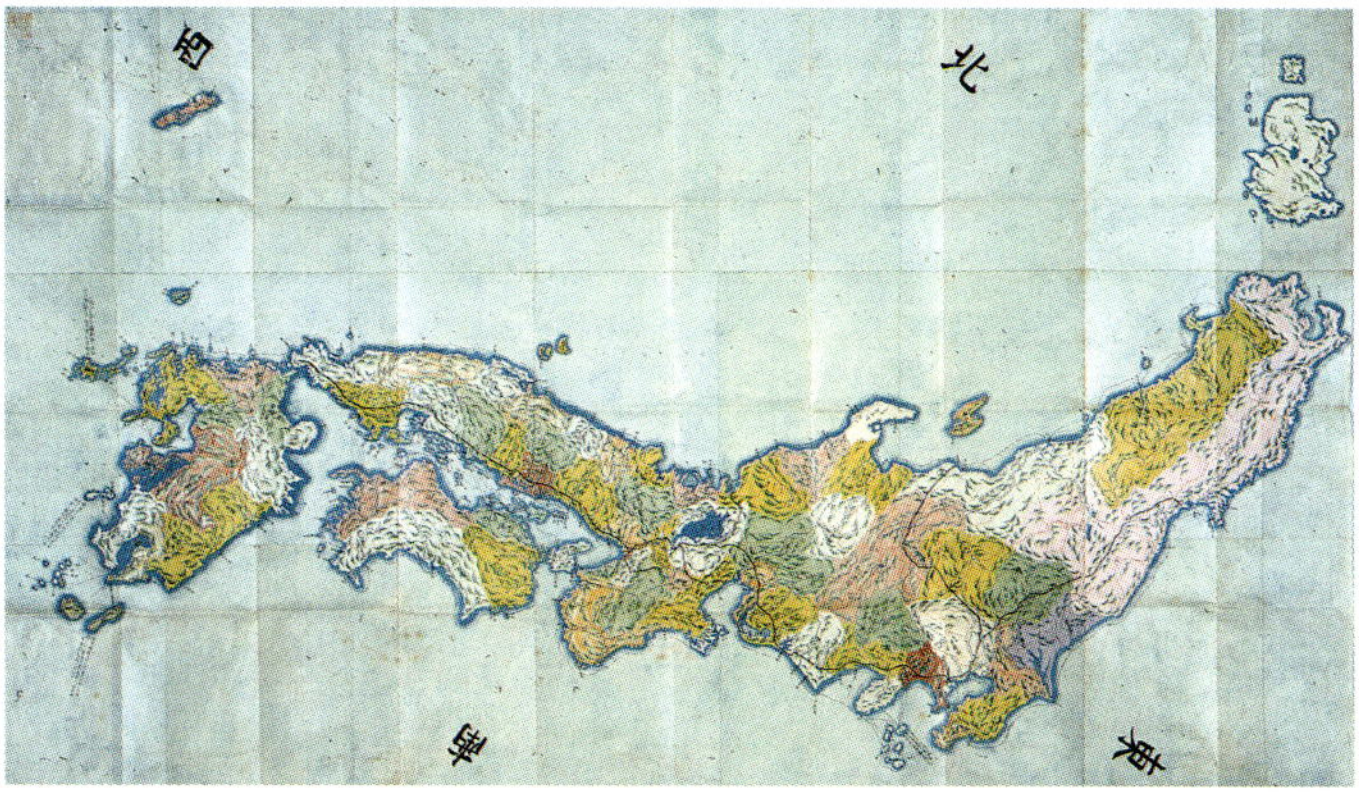

赤水と伊能図

江戸時代に民間で最も流布した日本図は、水戸藩の儒学者・長久保《ながくぼ》赤水《せきすい》が制作した改正日本輿地路程全図、つまり赤水図である。伊能測量開始の20年前に作られたこの地図は、ある程度の実地調査もしたが基本的には編集図である。赤水図には経緯線があり、緯度の誤差は0.5度から1度程度である。縮尺は10里を1寸としたので、伊能小図の3分の1となる。

しかし、赤水図が実測なしでここまで仕上げられていることには驚かされる。地図情報を熱心に収集した結果である。一方の伊能図が徹底した実測主義だったのと比べると、対極の図とも言える。もっとも、当時の社会生活の中心が駕籠《かご》や馬を利用した徒歩交通だったことを考えれば、厳密な実測図より、町村がすべて描かれた赤水図のほうが便利だったろう。

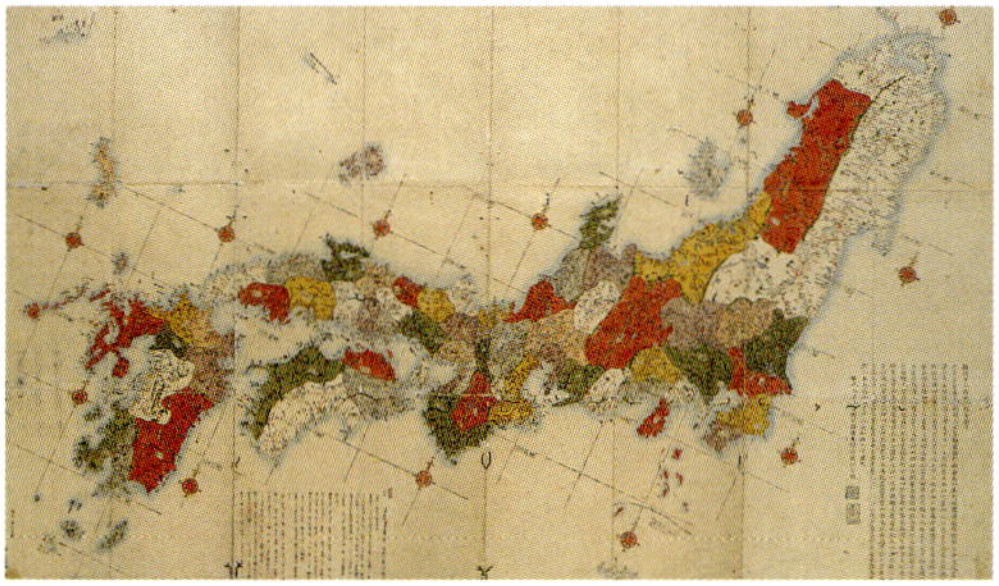

改正日本輿地路程全図　通称を赤水図《せきすいず》と言う。長久保赤水（1717-1801）作、安永8（1779）年刊。実測図ではないが、江戸期に必要な情報が得られて便利だったため幕末に至るまでに大量に流布した。
国別に色分けされ、主要街道、主要地名、経緯線が書き込まれている。縦84×横135cm 。（神戸市立博物館蔵）

●伊能図への転換

明治維新以降、実測図しか地図とは言えない時代に変わると、伊能図が赤水図にとって代わる。結果的にこの二つの地図は役割分担していたのであり、それぞれ時代の需要に応えていたのである。忠敬が佐原に入夫した時、長久保赤水は44歳で、すでに高名な学者だった。第2次測量の途中、忠敬が赤水の故郷の高萩市赤浜を通ったのは享和元（1801）年8月3日で、赤水死没の10日後だった。忠敬は「赤浜は赤水の出身地である」と測量日記に記している。日本地図の先覚者の選手交代であり、奇しき因縁であった。

最終版伊能大図（写本・第90図・江戸付近・部分）
大図に描かれた江戸。測線は沿海と街道に接続している。主要な街道だけを記し、街道沿いには家並みが描かれ、大寺院の境内はより細かく風景描写されている。（国立国会図書館蔵）

ら、庶民は幕末まで長久保赤水《ながくぼせきすい》が描いた赤水《せきすい》図《ず》があればよかったのである。

ところが、幕末になって西洋文明が急速に流入し、世の中が一変する。実測図でなければ、もはや地図とは呼べないことになる。そしてこの時、実測図を作るための原資料は、伊能図しか存在していなかった。

伊能図をもとにした官製地図

小縮尺の伊能小図をもとにした「官板実測日本図」が幕府開成所から刊行されたのは、慶応元（１８６５）年である。これは、伊能図が公刊された最初であるが、木版の高価な地図だったので、庶民が使うものではなかった。しかし、忠敬が幕府に上呈した50年後の明治４（１８７１）年以降になると、一般市民を対象にした、伊能図を源流とする日本全図が続々と刊行されることになる。

そのなかでも、明治17（１８８４）年に刊行が始まった陸軍の測量機関作製の市販用基本図である輯製《しゅうせい》二十万分之《の》一図（現在の国土地理院の20万分の1図と区割りがほぼ同じ）は、基本資料として伊能図を使い、内陸部を急いで補足調査して作製した暫定《ざんてい》図だった。その後、刊行と並行して三角測量が進められ、一ブロックごとに新しい帝国図に置き替えられていったが、伊能測量でも難航した屋久島と種子島は最後まで残された。このブロックの旧版が帝国図と置き替えられて姿を消したのは、昭和４（１９２９）年で、伊能図が幕府に提出されてからじつに１０８年後であった。

こうして、伊能図は幕府提出の50年後から本格的に使い始められ、部分的ではあるが１０８年後まで生きていたことになる。伊能図は、明治のために作られ用意されていたような感じである。しかし、戦前の偉人伝では、帝国陸軍の測量部が全面的に伊能図に依存していたといっては具合が悪いのか、業績である地図についてはほとんど触れられていない。

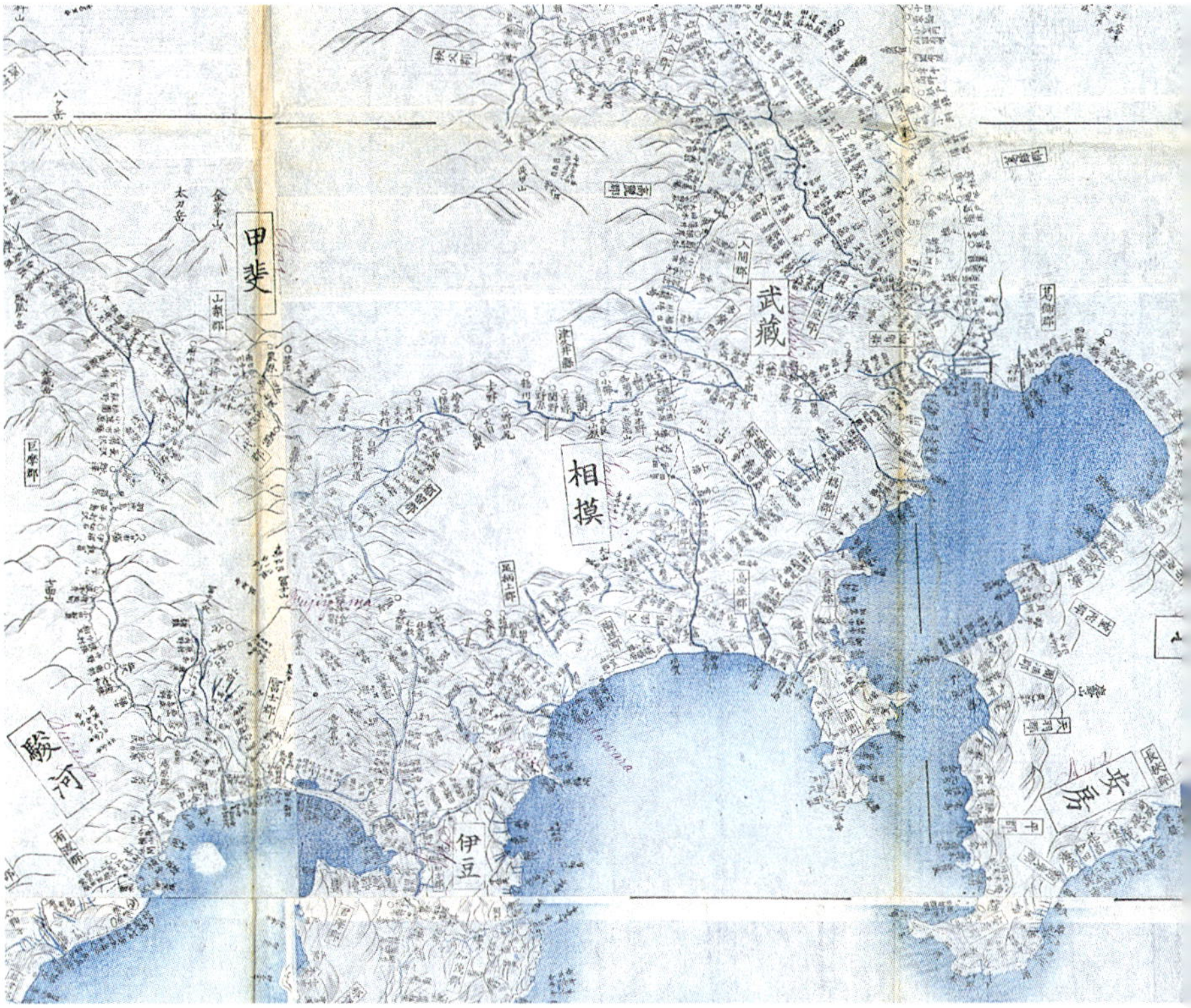

官板実測日本図（開成所版—畿内・東海・東山・北陸道）　部分（東京西部）　山景もそのまま写されているが、富士山へ向かって多数引かれていた方位線は消され、測定地からの方位だけが残っている。（江戸東京博物館蔵・立木寛彦撮影）

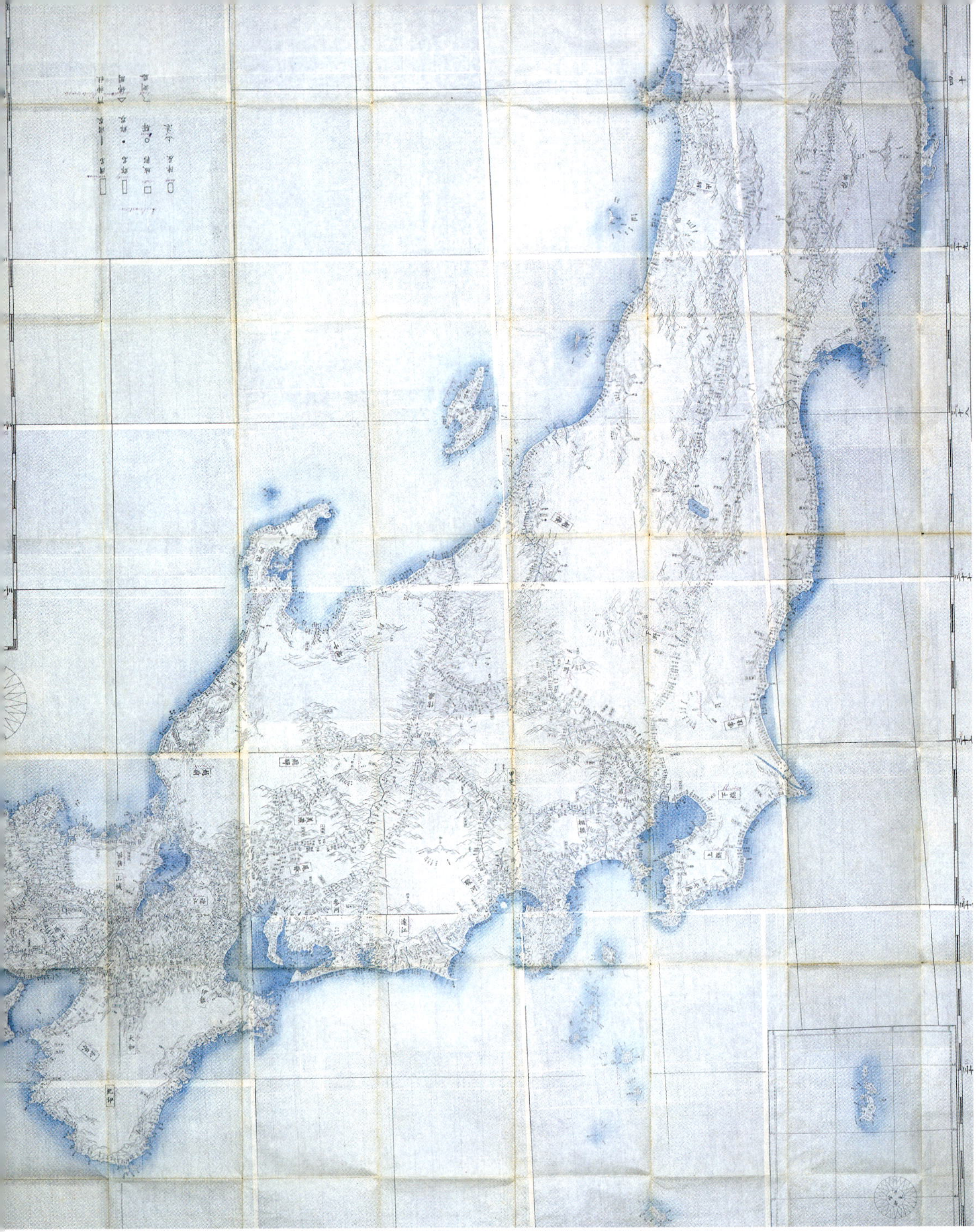

官板実測日本図（開成所版—畿内・東海・東山・北陸道）　伊能小図などの資料をもとに、慶応3年（1867）年に幕府開成所から木版3色刷りで刊行された日本地図。伊能図が公刊された最初の地図である。本図のほかに北蝦夷（樺太）、蝦夷と蝦夷諸島（北海道と千島）、山陰・山陽・西海・南海の3枚を含め合計4枚からなっている。縦228×横155.5cm 。（江戸東京博物館蔵・立木寛彦撮影）

伊能忠敬の人物像

国家百年の計とは、こういうことを言うのであろう。49歳で隠居した事業家、伊能忠敬がそのことをどの程度意識していたかは別として、結果的には正しく時代を先見した行動であった。だが、彼が才能に恵まれた人物であったことは間違いないとしても、偉人とか天才といった人間ではなく、いい面も悪い面もある普通の人間だったのではないかと思われる。ただ、いささか好奇心が強く、凝り性で根気がよい性格だった。

彼は、事業を引退した後は目先の利害に関与せず、次世代のための地図作りに熱中した。

非常に運がよくて、次つぎに強力な支援者が現れて順調に作業が進んだことが、すばらしい地図を生んだのである。おそらく、当初は日本全国を測ろうなどという気持ちはまったくなかったのだが、持ち前の熱心さと工夫に富んだ性格から、ひとつひとつ階段を上るようにして、とうとう日本中を測ってしまったのだろう。

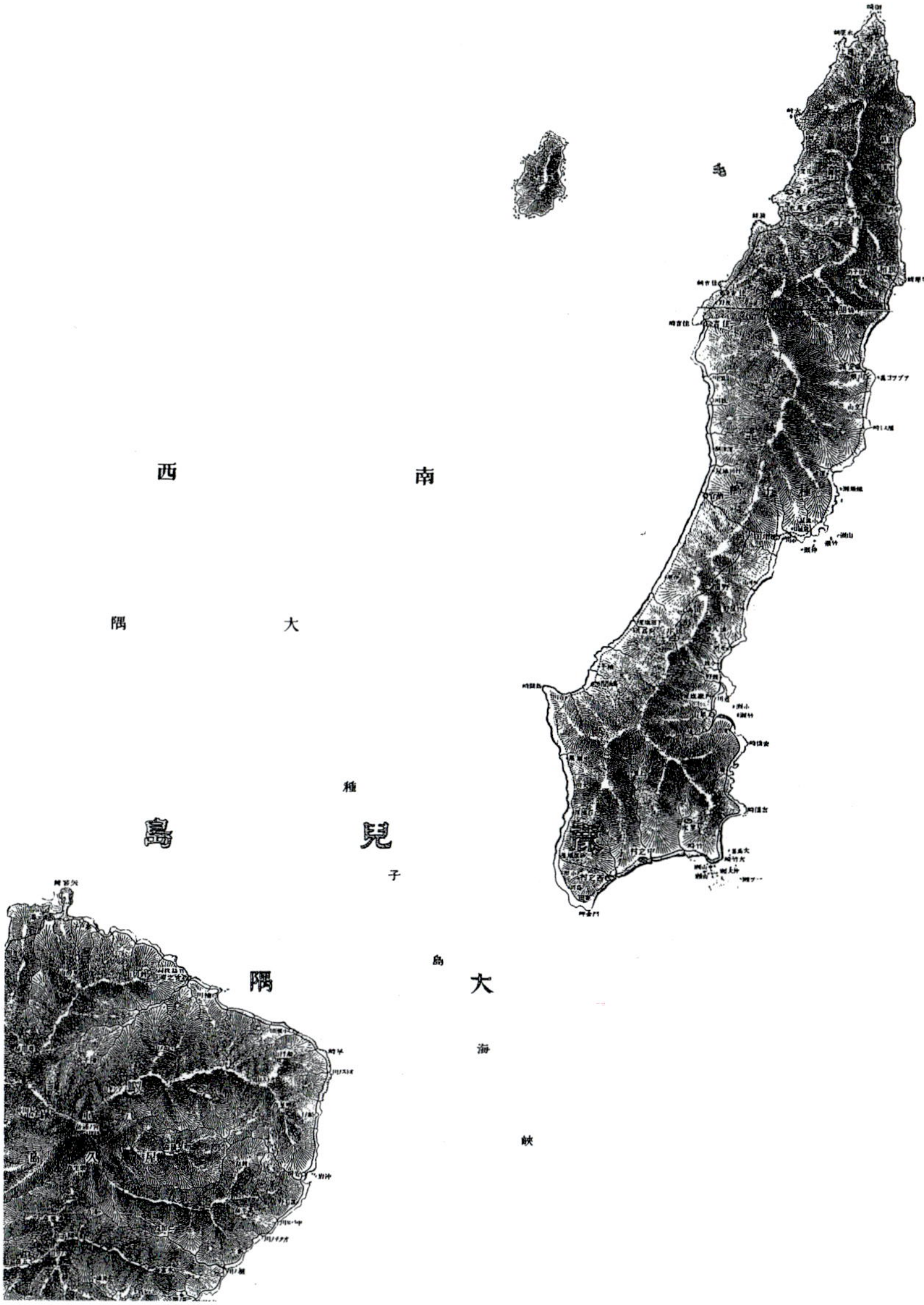

輯製《しゅうせい》二十万分之《の》一図「屋久島・種子島」　伊能図を基礎資料として明治中期に作製された暫定的な国土基本図。この図は最も長く利用され、三角測量による帝国図に置換されたのは昭和4（1929）年であった。

伊能図をもとにした輯製二十万分之一図が三角測量による帝国図と置き換えられた年代一覧図

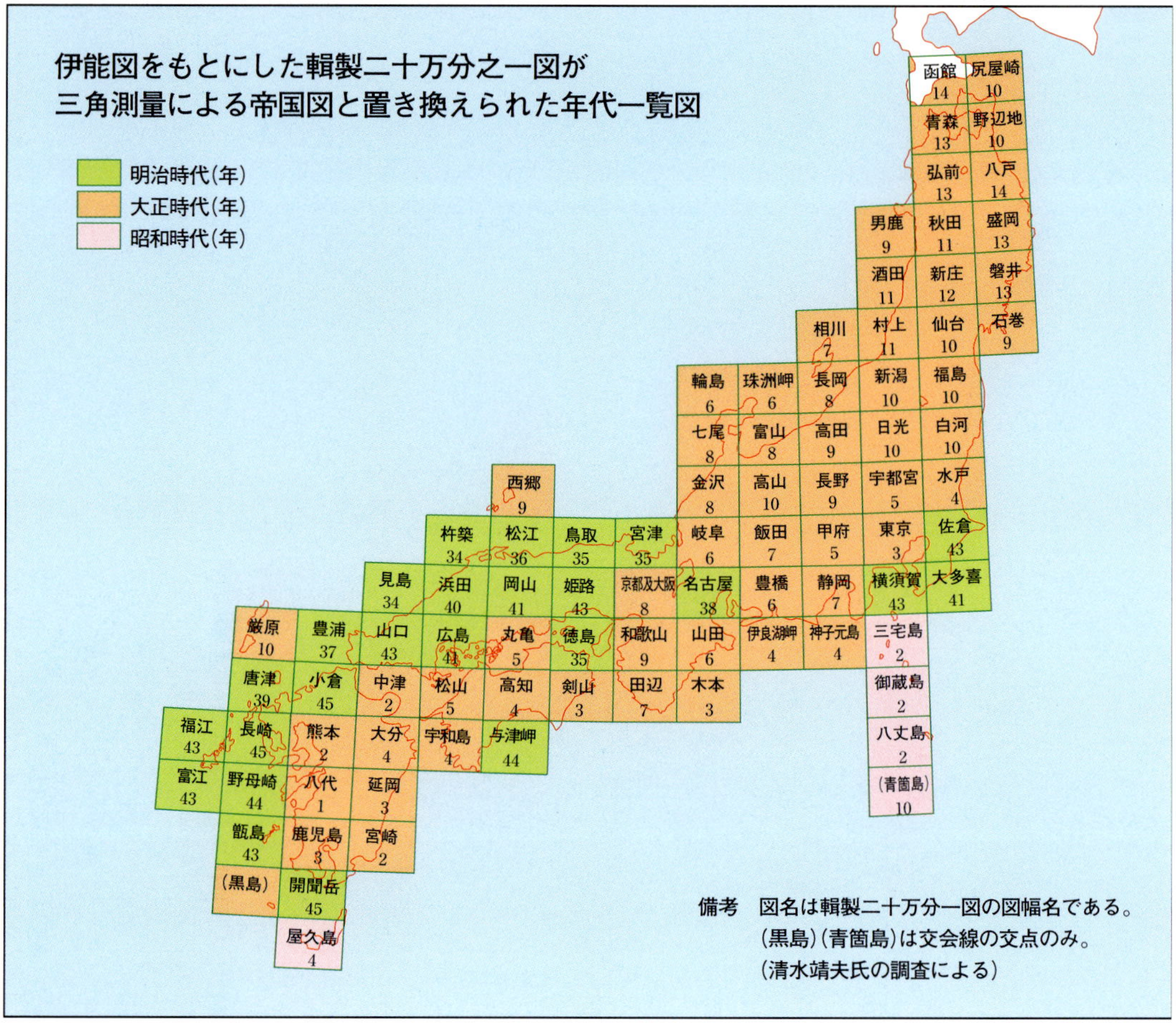

備考　図名は輯製二十万分一図の図幅名である。
(黒島)(青箇島)は交会線の交点のみ。
(清水靖夫氏の調査による)

輯製《しゅうせい》二十万分之一図の更新
陸地測量部製の官製地図で、明治17（1884）年に始まった市販用の国土基本図。現在の国土地理院の20万分の1図と区割りがほぼ同じだが、沿岸と街道は伊能図を使い、内陸部を至急調査して埋めた暫定図である。本州・四国・九州は87枚からなる。その後並行して三角測量が進められ、帝国図に置き換えられた。

忠敬は後世に、日本で初めての国土実測隊長として英名を残したが、苦労しながら日本中を廻ったというよりも、むしろ生活に余裕の出てきた江戸後期の町村の応援を受けて楽しく測量旅行を続けたのだろう。

偉人伝

戦前、忠敬は偉人の一人として称賛された。しかしこれは、伊能図の恩恵をこうむった政府や政治家たちが、彼の実際的な恩恵のお蔭だとあからさまに言うのを避けようとしたからではなかろうか。戊辰戦争の最後、箱館戦争の首謀者で、明治海軍の創設者でもあった榎本武揚の父は、箱田良助という伊能測量隊員であった。17歳の時に郷里の福山から江戸に出て忠敬に入門し、測量に従事して運を拓いた。案外、榎本あたりが忠敬偉人伝の仕掛け人かもしれない。

伊能図を使った明治の地図

伊能図は、明治期につくられた多くの日本図の原型になった。伊能図を源流とする諸図について、図版とともに少し具体的に眺めてみよう。

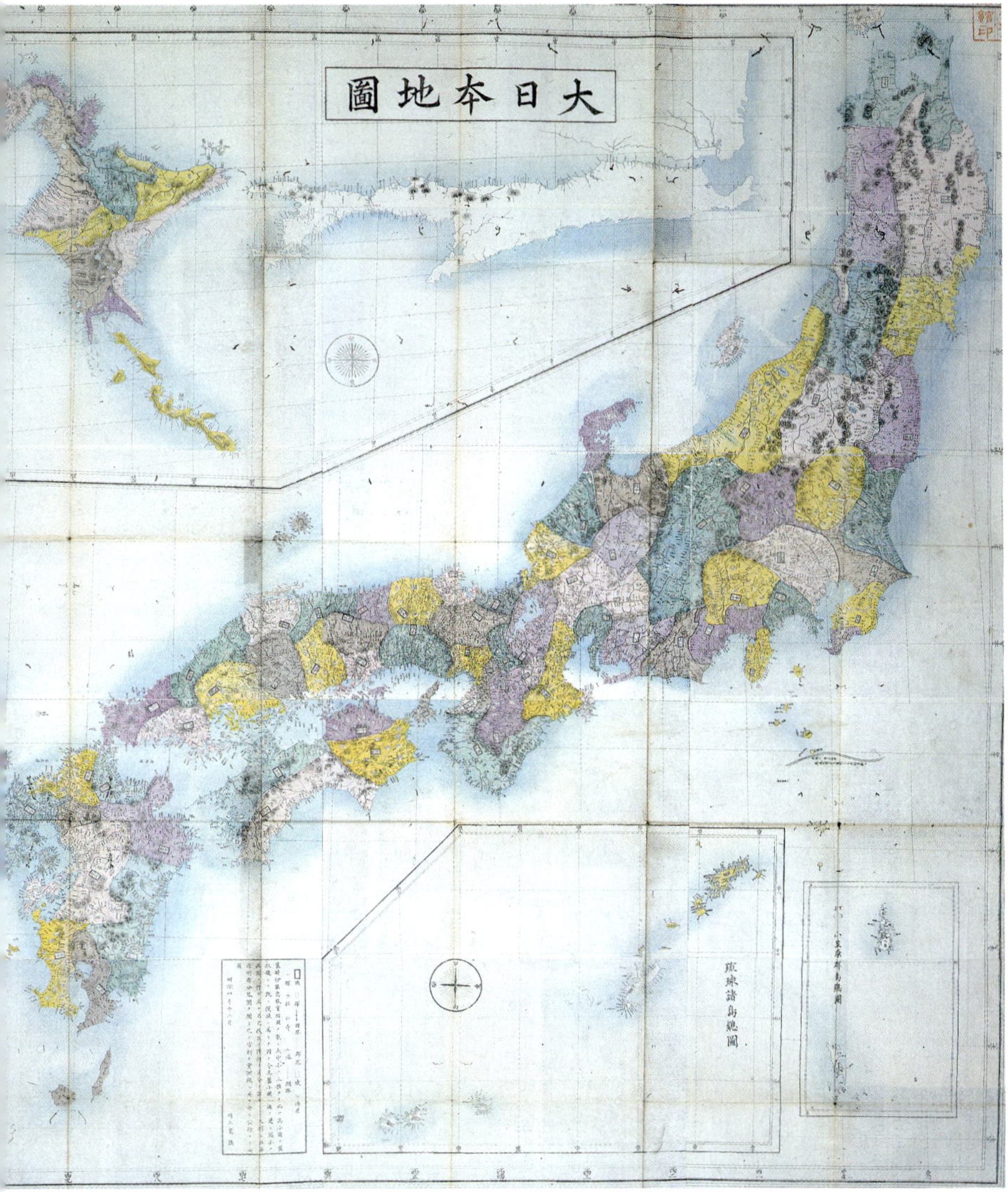

大日本地図（川上寛作）明治4（1871）年　伊能図を利用した市販向け近代地図の第1号。千島・樺太交換条約（1875年）以前なので、南千島と樺太全島を描いている。伊能図では空白だった内陸部は他の資料で補われた。川上寛は冬崖《とうがい》と号し、日本の洋画界の草分けである。縦152×横141cm。（国立国会図書館蔵）

C O L

小学必携日本全図（高橋不二雄作）明治10（1877）年　伊能図から編集された小学生向けの日本図。行政区画や水系、著名な山岳などを記している。作者の高橋不二雄は内務省地理局員。（国立国会図書館蔵・立木寛彦撮影）

官板実測日本図（開成所版ー蝦夷諸島） P11参照。（江戸東京博物館蔵・立木寛彦撮影）

官板実測日本図（開成所版ー山陰・山陽・南海道・西海道） 同上。（江戸東京博物館蔵・立木寛彦撮影）

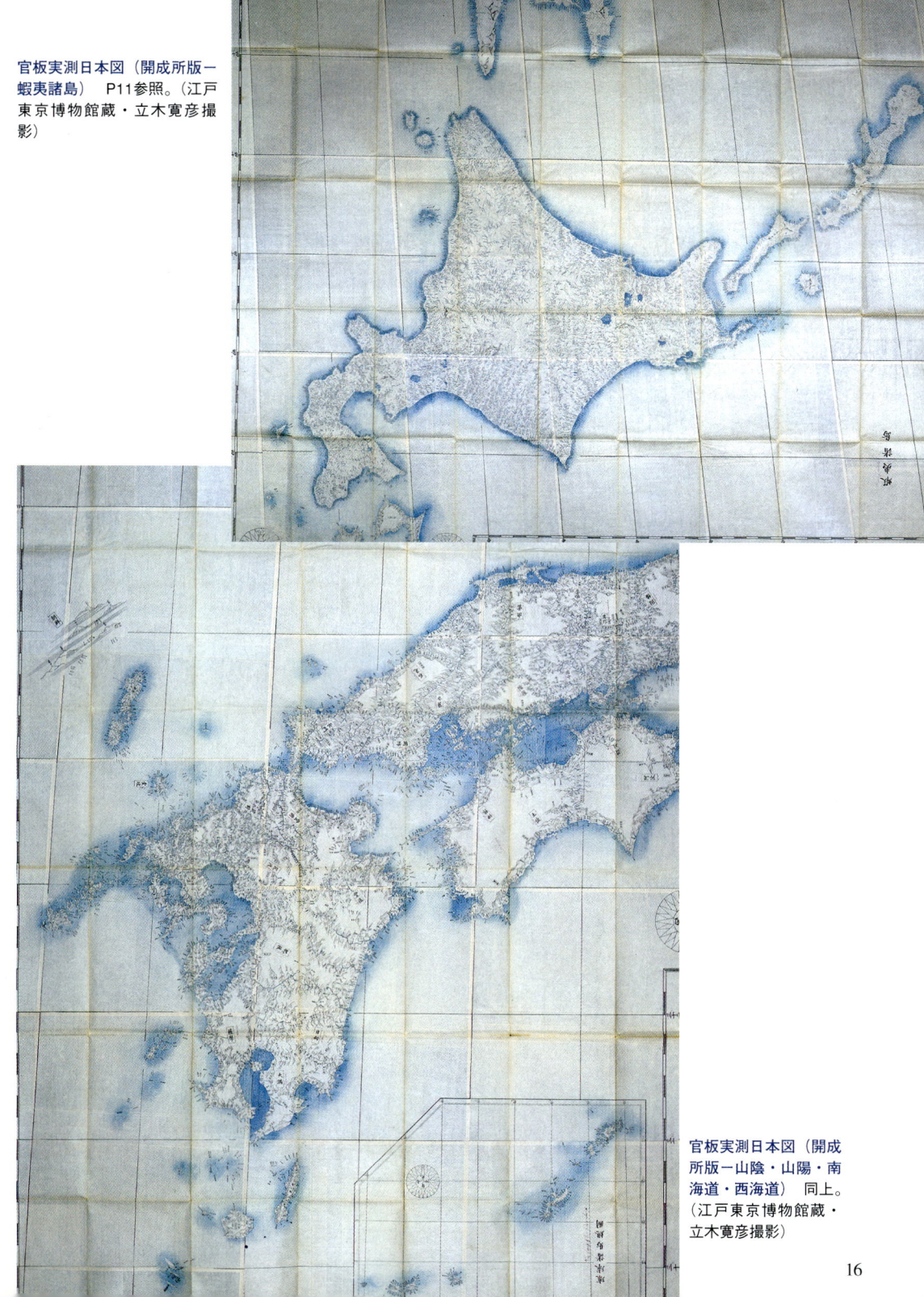

第1章

伊能図を読む

縮尺の種類

伊能忠敬の測量隊が作製した日本地図を、一般に伊能図と総称している。伊能図には、大・中・小の三種類の地図（大図・中図・小図という）と、その他の特別な地図がある。大図は1町を1分（約109mを約3㎜）、1里を3寸6分（約4㎞を約11㎝）とするので、縮尺は3万6000分の1、中図は1里を6分（約4㎞を約1.8㎝）とするので縮尺は21万6000分の1、小図は1里を3分（約4㎞を約1㎝）とするので縮尺は43万2000分の1となる。全部で10回おこなわれた伊能測量では、第3次測量を除いては、そのたびごとに地図が作製されている。作製された伊能図は、知られているだけで約400種類にのぼる。このうちの約370種が副本や写本として現存している（2002年8月現在）。

測量範囲と地図の特徴

また、伊能測量は海岸線と主要街道のみが対象だったので、測量線（測線という）は主にこの二つを通っている。測量の後半で西国の内陸部に測線が追加されたが、関東北東部や奥州などにかなりの測量空白域が残った。伊能図は実測にこだわった地図であって、測量しなかった部分を他の資料で補うことをしなかったからである。唯一の例外は、門人の間宮林蔵《まみやりんぞう》の測量データを利用した蝦夷地《えぞち》（北海道）だけであった。

伊能図のもう一つの大きな特徴は、国絵図《くにえず》と同じように手書き図だったことである。測線を朱で描き、両側に沿道風景を配し、測量の目標だった山島や岬も描き込まれた。正確な縮尺の測線と、絵画的な美しい仕上がりが特徴である。描図形式は制作時期や仕上げの精粗によって若干の差がみられる。

大図・中図・小図

大図の特徴——測線に沿って城下・町並み・村落・田畑・原野・山景などの沿道風景を描き、地名・国名・国界・郡名・郡界などを文字で書き、領主名・領界も記す。全体的に測線の他は絵画である。測量の補助として使った遠方の目標物への方位線はない。宿駅は地名の上に○、天文観測（天測）地点は☆の記号（地図合印という）で示す。

中図の特徴——測線に沿って地名・国名・郡名を文字で記し、国界・郡界・宿駅・神祠・寺院・港・天測地点などを記号で表示する。概略の沿道風景と経緯線、遠隔の目標への朱の方位線と方位を多数記入する。

小図の特徴——描図形式は中図とほぼ同様で、内容が簡略になっている。

そのほか、中図・小図では、地図凡例、里程・緯度などの付表を記入したものがある。

制作上の種類

伊能図の制作上の位置づけを、筆者は、正本・副本・稿本・写本・模写本の五種類に分けている。作られた複数枚の図の中の一枚は特に入念に描き込み、凡例と付表をつけて幕府への上呈本（正本という）としたのだろう。さらに他の一枚もほぼ正本に準じた仕上がりにして、控え図として伊能家に残した（副本という）と考えられる。伊能家の副本は現在、ほとんどが千葉県佐原市の伊能忠敬記念館に寄付されている。

副本の中には、依頼のあった諸侯に献呈されたものもあった。献呈図と正本との間に仕上げ方の差がどの程度あったかは分からないが、伊能家の副本より丁寧なものや多少彩色が違うものもみられる。つまり、正本・副本・献呈図など、用途と提出先により、記入内容・彩色・付表・凡例・題名・識語などの完成度が若干変えられたのである。

幕府から引継いだ正本は明治初年の皇居炎上の際にすべて焼失したと言われており、現存する伊能図の優品はほとんど副本である。

大図

大図・中図・小図の比較
（九州之内六箇国沿海地図）

第７次測量（九州第1次測量）の後で作製された九州図。同一地域の大中小図がそろっているので、地図の範囲を錦江湾付近に固定して、縮尺比に画面寸法をあわせて比較してみた。中図と小図はそれほど大きな違いはないが、大図はまったく別の地図の印象を受ける。（国指定重文・東京国立博物館蔵）

中図

小図

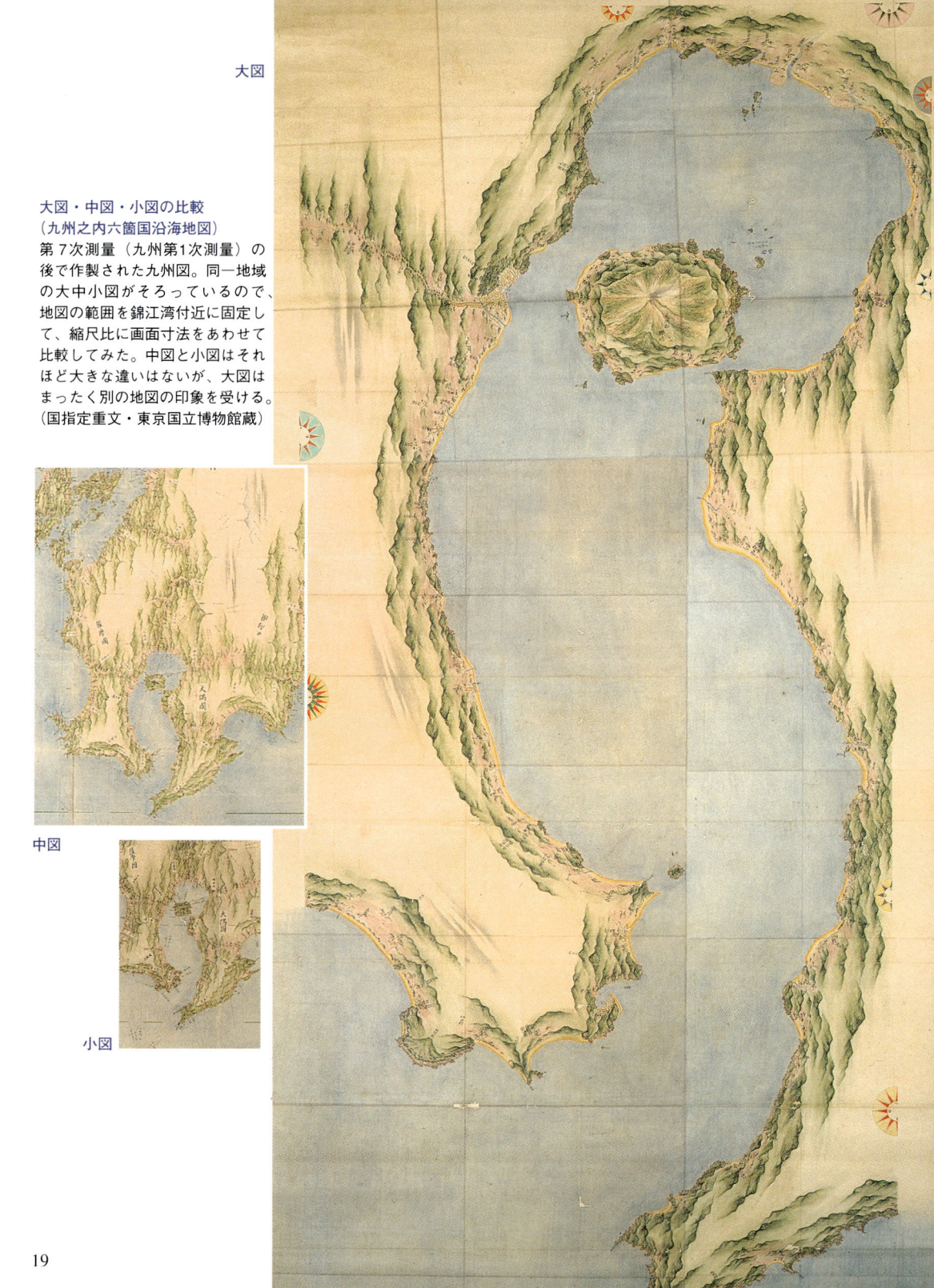

写本は、原図の上に地図紙を重ねて敷き写したものである。忠敬の生前から伊能図は貸し出され、当時から作られていたようである。特に幕末には伊能図の需要が増えて、多くの写本が作られたと思われる。

稿本は、伊能グループで作られたが未完成の地図を言う。針穴があるが副本に達しないものである。また模写本は、伊能図を残すために明治以降に作製された写本である。

最終版伊能中図（部分・中部地方）
畿内の琵琶湖周辺。（成田山仏教図書館蔵）

大日本沿海輿地全図「大図」（写本、第100図）　一般に最終版伊能大図という。214枚で日本全体を網羅する。最終版大図の正本は明治6（1873）年に皇居の火災により、また副本は関東大震災で消失したと言われている。この図は、明治初年に内務省の測量機関で作製された写本である。非常に美麗なもので、大図の面影を伝えているものと推測される。関東周辺の他の42枚とともに1997年秋に気象庁で発見された。（国立国会図書館蔵）

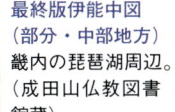

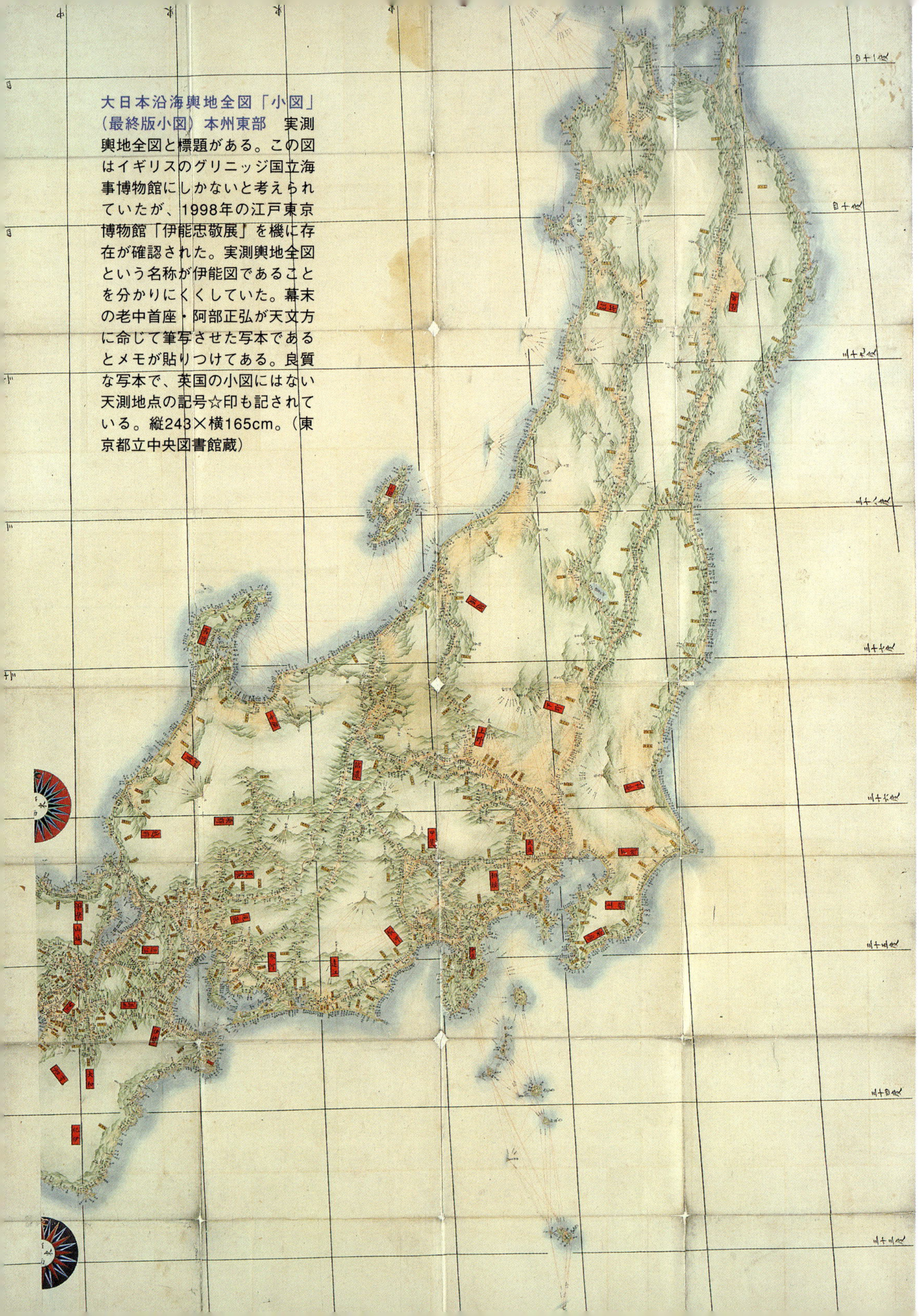

大日本沿海輿地全図「小図」（最終版小図）本州東部　実測輿地全図と標題がある。この図はイギリスのグリニッジ国立海事博物館にしかないと考えられていたが、1998年の江戸東京博物館「伊能忠敬展」を機に存在が確認された。実測輿地全図という名称が伊能図であることを分かりにくくしていた。幕末の老中首座・阿部正弘が天文方に命じて筆写させた写本であるとメモが貼りつけてある。良質な写本で、英国の小図にはない天測地点の記号☆印も記されている。縦243×横165cm。（東京都立中央図書館蔵）

伊能図を鑑賞する

伊能図の内容を眺めてみよう。完成度を調べるポイントは、描画や彩色の丁寧さ、地名の精粗、文字の巧緻、地図合印、天測地点、経緯線、接合記号、寸法、凡例・付表、題名などである。

伊能図は手書きなので、最も先に目に入るのが彩色である。基本色は、山地が緑、水部は水色、砂浜は黄色、測線は朱である。平地は着色と無着色のものがある。また彩色には濃淡があり、緑色の色調が黄緑か青緑かで調子がぜんぜん違ってくる。測線の朱線も拡大鏡で見ると、描線の精粗がよく分かる。

●文字や記号

文字については、上質の地図はほとんど達筆の楷書である。最も簡単な見分け方は地図合印で、○宿場、●郡界、☆天測地点、━国界、⛵港湾、⛩神社、△寺院などがある。地図合印はあったりなかったりするので、全種類記入されている図は完成度が高いと言える。合印は副本では多くが捺印で記入されるが、写本では手書きが多いため判別ができる。また、上質の図でも天測地点☆は完全に省略されるケースがある。

中・小図の経緯線は、両方ないものや緯線しかないものがあり、文字が密集した部分で

沿海地図・中図（上・部分）伊豆半島　最終版伊能図に比べて全体的に彩色が淡白であり、第9次測量でおこなわれた伊豆半島縦断路や富士山周辺の測線がないが、美しい伊能図である。針穴本で、忠敬の箱書きがある。（徳島大学附属図書館蔵）

C O L U M N

針穴を使った地図制作

伊能図の制作には、野帳に記された毎日の測量データを用いる。下図用の和紙を広げ、縮尺を合せて測線の曲がり角に針穴を開けてゆき、墨線で結んで、測量下図を作る。次に地図を描こうとする和紙の上に測量下図を重ねて、針穴を針で突いて和紙に写し、写された針穴を朱線で結べば測線が完成する。つぎに、別に写生しておいた沿道風景（麁絵図《あらえず》）を見て風景を描き加えた。地図用紙を何枚か重ねて同じ作業をすれば、同時に複数の針穴図ができる。当時こうした制作例はほとんどなく、原図の上から複製用紙をかぶせて敷き写すのが普通だった。

大図は実測図であるから、測量下図に天測結果の修正を加えれば写し用の原稿図ができるが、中図は大図の測量下図を集め、縮尺を縮めて写し用原稿図を改めて作る。小図の原稿図も中図の原稿図を集めて同じようにして作る。これらの原稿図（定稿図《ていこうず》）を突手本《つきてほん》と呼ぶ。したがって、伊能グループによって直接制作された地図には、必ず針穴が残っているということになる。

こうした製図では細心の注意が払われたが、忠敬が針穴を使ったのは測線の信頼性を確保するためと、同時に何枚かを複製できる効率性のためだったと思われる。

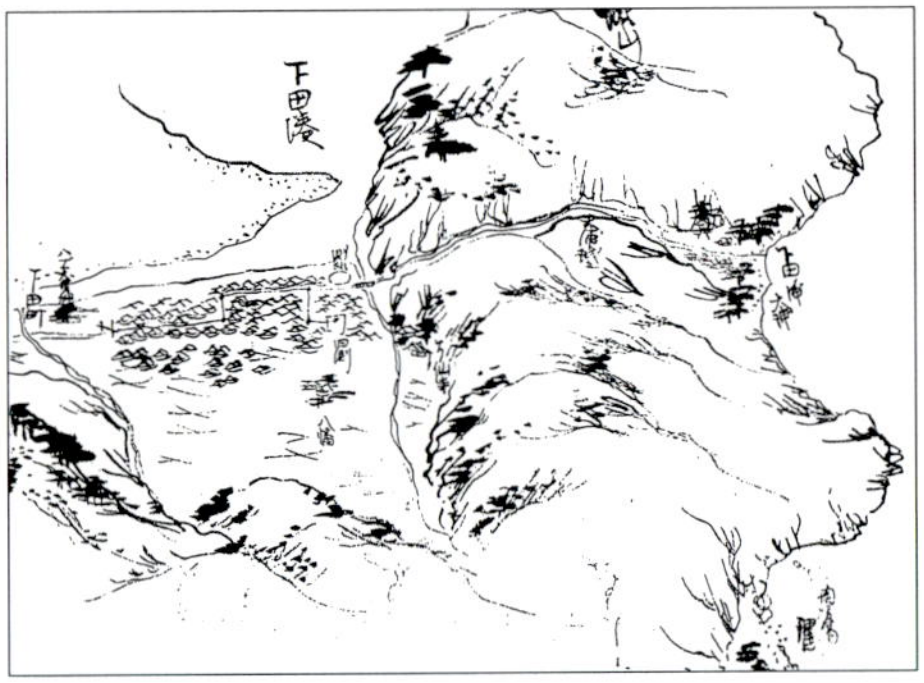

沿道風景（麁絵図《あらえず》）伊豆下田湊　文化12（1815）年5月8日—17日の測量。

沿道風景（麁絵図）淡州江井村（淡路島の一宮町江井）文化5（1808）年11月15日の測量。測量中にこのような景観図を作り、地図作製の際に風景を記入する参考にした。

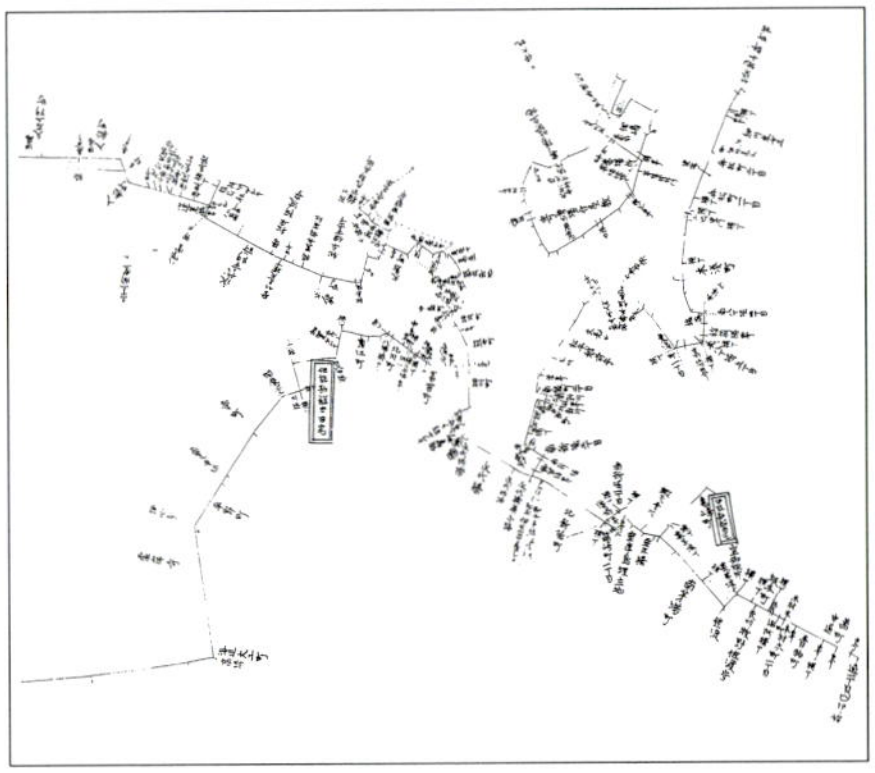

測量下図　江戸深川の永代橋・佃島付近の下図。忠敬の江戸の最初の隠宅と亀島町の居宅が記されている。文化12（1815）年測量時の図である。（伊能家蔵・伊能忠敬記念館保管）

は一部省略している図もある。目標への方位線は本来は測量のためのもので、完成した地図には必要がない。しかし忠敬は、地図の美観と努力の結果を強調するために、あえて数を絞って方位線を残している。

●凡例・付表と題名

凡例や付表は付いている図と無い図がある。提出先によって変えられたり、写図の際に省略されたものもある。一方、題名については、なかったり、分かりにくい名前が付いているのが普通である。幕府用の地図が諸侯などに渡るのを黙認していただけなので、地図を受け取ったほうが勝手に付けたものである。

最後に、地図どうしの接合記号のコンパスローズだが、大変精巧なものから無彩色の枠だけのものまでさまざまある。凝ったものが当然上質だが、地図がよくてもコンパスローズが簡素なら完成図ではないと考えてよい。

しかし結局は、複数枚の地図があってこそ比較して良し悪しが言えるのであって、一枚しかない地図は文句なく貴重である。

大日本沿海輿地全図（中図）関東・部分
富士山付近（国指定重文・東京国立博物館蔵）

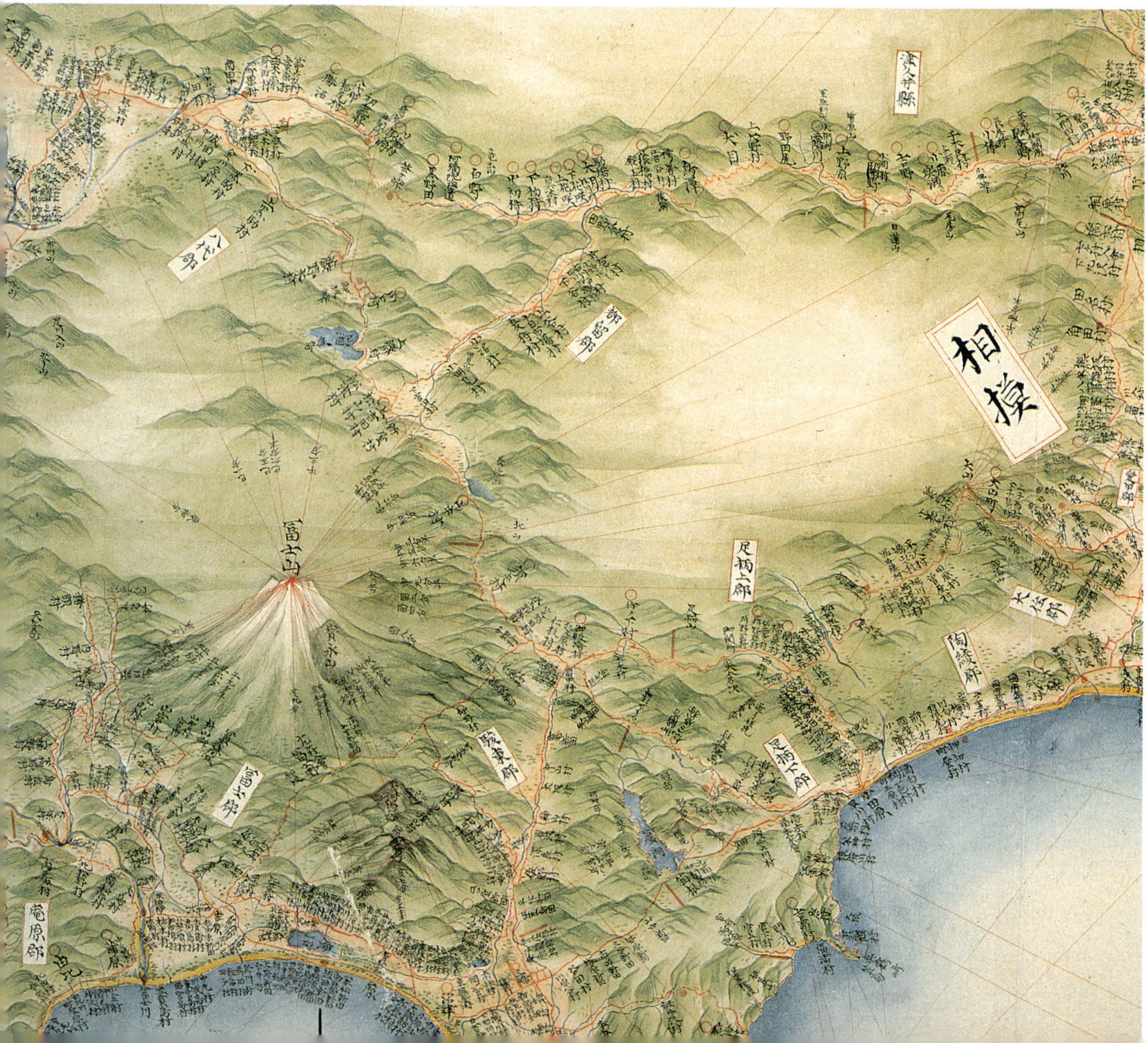

第2章

測量の方法

単純な測量方法

簡単に言うと伊能忠敬の測量は、田畑や宅地を測るのと同じ方法で全国を測ったものである。藩命で伊能測量を観察した徳島藩の岡崎三蔵は、後年「伊能測量は特別なことはしていない」と藩主に報告している。忠敬はシステム的に誤差を減らす工夫をしながら、単純な測量方法を丁寧におこなったのである。

図のような海岸を測る時、曲線を直線の連続に分けて、曲がり角に梵天《ぼんてん》を立てながら各直線の距離と方角を測ったのである。梵天は竹竿の先に「はたき」のように紙切れをつけたもので、当時どこでも測量に使われており、現地で用意させた。梵天の間隔は、10間（18m）、20間、直線の見通しがよければ50間、100間先にも立てさせた。

●海岸を測る

第4次測量の先触れで忠敬は、海岸波打ち際を測るので村々の境に梵天を立てるように依頼している。波打ち際といっても砂浜の場合は、30～40m内側に梵天を立てさせていた。満潮干潮については、こだわらなかったようである。安房《あわ》の日蓮上人の出生地・誕生寺で拝観を勧められた忠敬が、潮が満ちないうちにと断わって先を急いだ記録がある。

第5次測量では、紀伊半島の伊勢・志摩《しま》・尾鷲《おわせ》地区の断崖絶壁の海岸の測量では、作業が非常に難航した。忠敬は「測量は海岸に梵天を立てて間縄《けんなわ》で距離を測るが、縄を張りにくい絶壁などでは、およその見当でよい。近くに山越えの道でもあればそこを測る」と村役人に答えている。個人事業の頃と違って測量隊の陣容が整っていたので、伊能図を見ると熊野《くまの》灘《なだ》に突き出た小さな岬に一つずつ測線が延びている。それでも船を寄せて測ることが難しい地点には朱の測線は延びていない。

測線と梵天　梵天は竹の先に数枚の紙を短冊状に吊るしたもので、当時はどこでも使われていた。竹竿の長さは3間（5.4m）という長いものだったが、1間（1.8m）や1丈（3m）の物もあったようである。

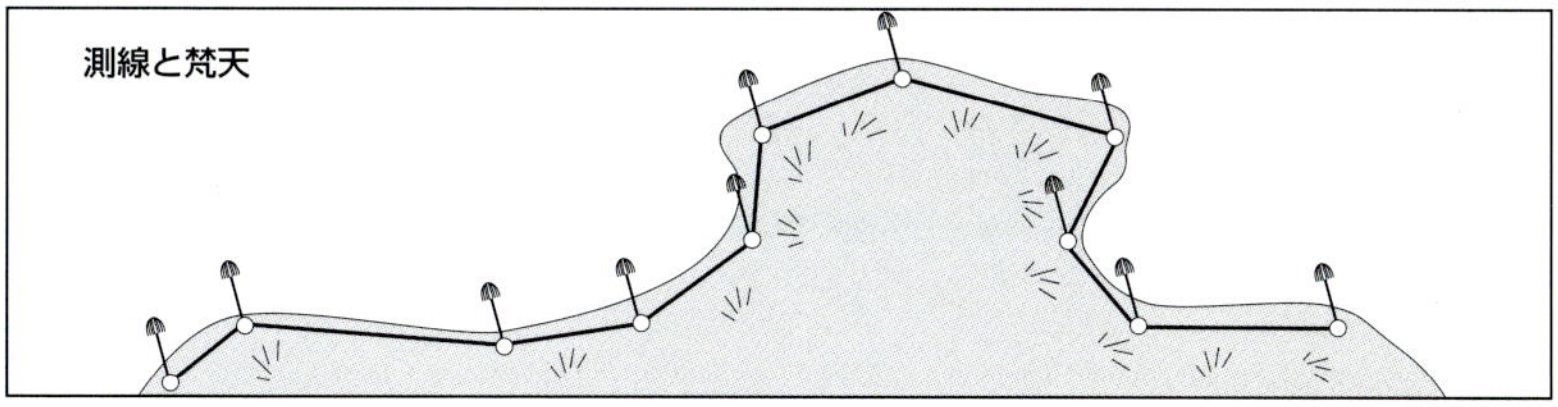

海岸を走る測線　伊豆半島の伊東付近。大部分の測線は海岸の崖下を通っている。通行できなかった一部分では崖上に上る。いっぽうで海岸を離れて並行する道路も測られ、作業が困難な地点の誤差が累積するのを避けた。（最終版大図第101図、国立国会図書館蔵）

当時の間縄《けんなわ》　伊能測量隊が使った間縄の形は分からないが、当時の測量用の間縄はこのような形だった。材料は、鯨《くじら》のヒレを裂いて作ったものが一番よかったという。

距離を測る

第1次測量の距離の計測は、歩数を数え、歩幅を乗ずる歩測だった。第2次測量からは徹底して間縄《けんなわ》を張った。絶壁の海岸などで間縄が張れない時は、浦方の村々の協力を得て船を出して海中で縄を張った。

●海からの測量

海際に崖が多い伊豆半島沿岸では、なるべく海岸近くの道路が測られたが、絶壁では海中を測量した。熱川《あたがわ》温泉近くの堀川《ほっかわ》では、高齢ながら元気者の村役人が、自ら釣り縄を持ち出して協力した。日本三景の一つ松島も海岸の凹凸が激しく難航した。伊能大図を見ると測線は海中を真っすぐに延びており、船による引き縄が大々的におこなわれたことが分かる。享和元（1801）年8月22日の測量日記に「朝六つ半後、塩竈《しおがま》村出立、乗船して長縄を用いる。海上いたって静かなれど、はかどらず。七つ頃、塩竈、松島の境の都島に至る。それより松島分を測る」とある。

海中をどう測ったのか。10～20間（18～36m）の間縄に浮きを付けて、目標に向かう直線上に縄を引き、縄端で船を留めて他の船を前に出したのであろうか。

●間縄《けんなわ》と鉄鎖《てつさ》

距離測定用の縄は、最初はごく普通の苧麻《ちょま》の間縄《けんなわ》が使われた。縄は価格が安いが水分による伸縮、強度が弱い、強風に煽られるなどの欠陥があり、第3次測量以降は間縄とともに鉄鎖《てつさ》も用いられた。鉄鎖は、両端に輪を持

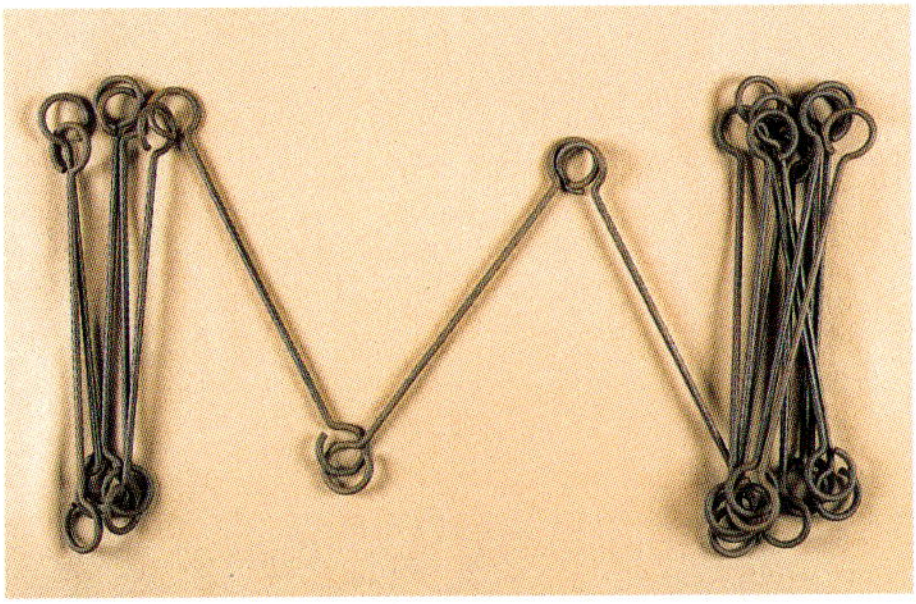

鉄鎖　伊能隊が使用した鉄鎖は残っていないが、模造品が伊能忠敬記念館にある。（伊能忠敬記念館蔵）

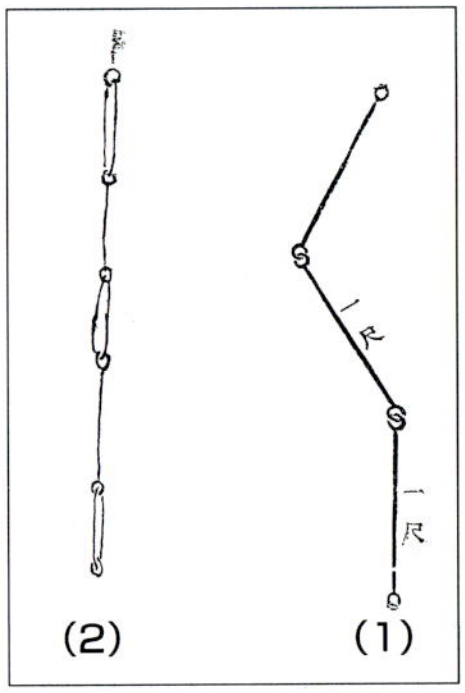

2種類の鉄鎖《てつさ》　距離の測定に使われたという鉄鎖は現存しないので、正確な形は分かっていない。大谷亮吉によると（1）のようなものであるというが、浦島測量之図に描かれているのは（2）である。長さの10間は双方とも一致している。

海岸を走る測線　房総半島の館山付近。黄色で描かれた砂浜部分の測線は海岸を通っているが、断崖部分は無理をしないで崖上の道路を通っている。（最終版大図第92図、国立国会図書館蔵）

った内法1尺（約30㎝）の鉄線を60本つないだ忠敬考案のものである。それでも磨耗するので、間棹《けんざお》で毎日検査した。間竿は2本つなぎの長さ2間（3.8m）で、縄や鉄鎖を当てにくい岩場などで役立った。

勾配《こうばい》の測量

傾斜のある坂道では、携帯用の小象限儀《しょうげんぎ》で勾配を測り、割円八線対数表《かつえんはっせんたいすうひょう》という三角関数のような数表の対数表を利用して平面距離に変換した。中国伝来と思われる数表は、算盤《そろばん》の乗除算を省くためであった。忠敬は三角測量はおこなっていないが、三角関数のような数表を利用しており、川幅などは容易に測ることができた。富士山の高さも数カ所で測っている。

小象限儀　道路の勾配角を測り、割円八線対数表により道路距離を平面距離に変換するために利用したという。（国指定重文・伊能忠敬記念館蔵）

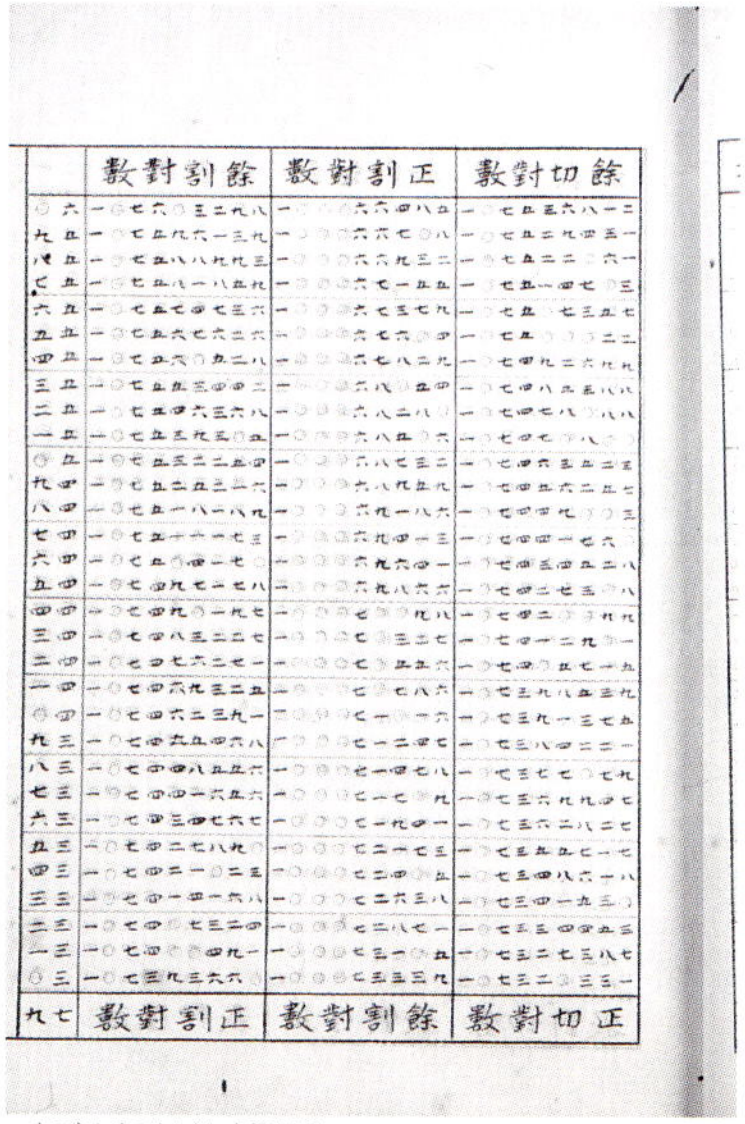

割円八線対数 表《かつえんはっせんたいすうひょう》（国指定重文・伊能忠敬記念館蔵）

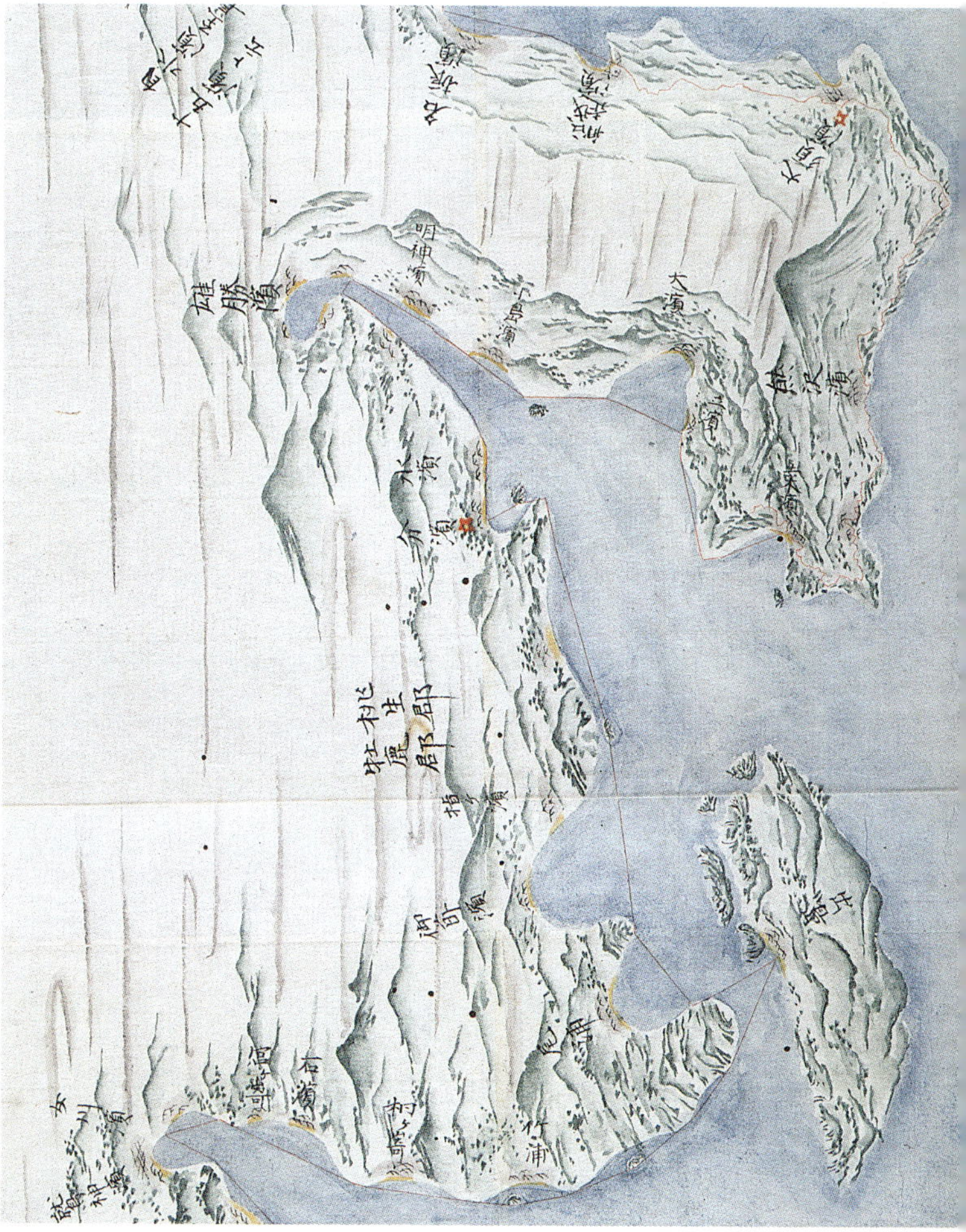

三陸海岸の海中を走る測線（文化元年大図・自江戸至奥州沿海図11）
牡鹿半島の北側の女川町から雄勝町付近の横切り測線。海中を真っすぐに延びており、船で相当に引縄したことが分かる。（国指定重文・伊能忠敬記念館蔵）

方角を測る

測量では、距離とともに曲がり角で直線の方角を測った。方角の計測には主に、杖先羅針《つえさきらしん》（彎窠羅鍼《わんからしん》）を用いた。杖の先に羅針盤を取りつけたもので、杖が傾いても羅針盤自体はつねに水平が保てるようになっている。忠敬は羅針が安定するように軸受けなどを改良し、目盛りも読みやすいものを特注した。使いやすく、伊能測量で最も役立った器具という。磁石なので、測定者は大刀をはずし竹光《たけみつ》の小刀だけを帯した。また読取り誤差を防止するために、本羅針と添え羅針という正副2本の測定結果の平均を使った。

方角の測り方

図の直線Aを測る時、まず梵天①の地点で本羅針係が覗尺《のぞきしゃく》を目標に向けて北に対する直線Aの角度を測り、梵天②では添羅針係が南に対する直線Aの角度を測る。それぞれの測定値は、書き役（村役人など）が梵天持ちの記録表（手札）に書き込んだ。正副の羅針は下役か内弟子が担当したが、それぞれ複数の隊員が計測したこともある。数値は、宿舎で手札から野帳に転記する際に平均された。

測定値を補正する――交会法《こうかいほう》

直線の方角を測るとともに、各屈折点から寺院の屋根や大木の梢などごく近くの目標物への方位を測って、同じように記録した。これは、下図を書く時に距離の測り違いを検証するためで、交会法《こうかいほう》の応用である。図の②③間の距離を誤測し、距離②④を記録した場合、目標への方位線が集まらない結果となり、誤差が発見される。徹底した交会法の活用は、直線部の距離と方角をつぎつぎに測りながら進む測量法である導線法とともに、伊能測量の柱であった。

彎窠羅鍼《わんからしん》　杖先方位盤とか小方位盤とも言う杖先磁石。測線の曲がり角で方角を測るのに使われた。当時の測量家はどこでも利用していたが、忠敬は改良して用いた。（国指定重文・模造品・伊能忠敬記念館蔵）

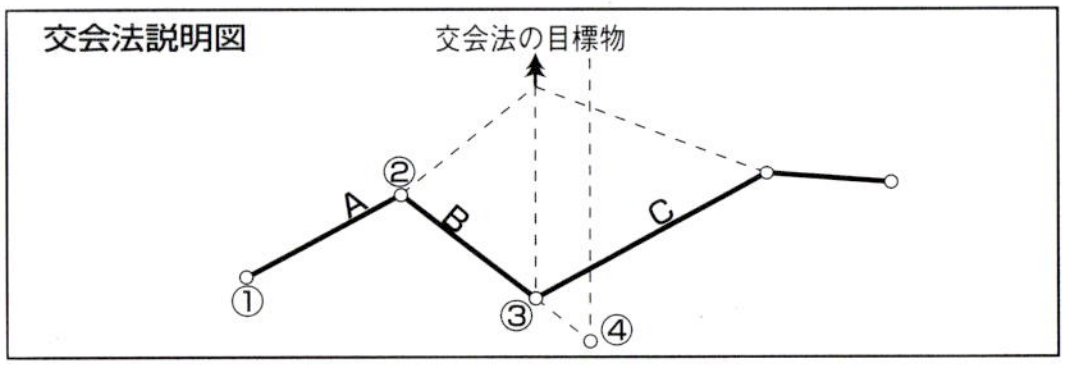

交会法　Bの正しい距離は②―③だが、②―④と誤測すると④から目標へ至る方位線は目標地点で一致しないので誤測に気がつく。

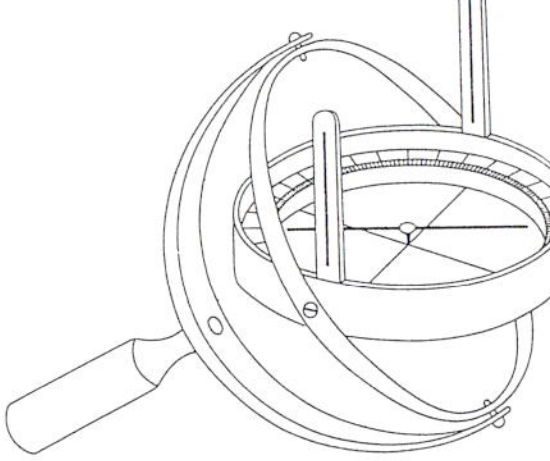

彎窠羅鍼の構造　実物は１脚で斜面に立てても磁石面は水平に保たれる構造になっている。（大谷亮吉『伊能忠敬』）

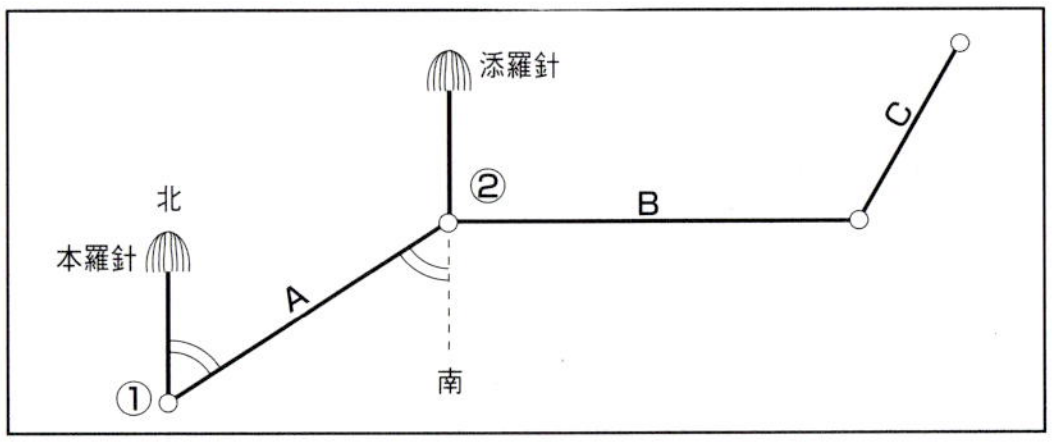

本羅針と添羅針　直線①から②の方角を測定する時、正羅針（本羅針）は①の地点から直線①―②の北に対する角度を測り、副羅針（添羅針）は②の地点から直線①―②の南に対する方角を測って平均を求めた。

測量作業班

こうした作業を、現場の情景に当てはめてみよう。一つの作業班は次のような人員で構成されていた。正・副羅針、手札（記録表）を持った梵天持ち数名、鉄鎖を運搬し梵天の間に伸ばす役、距離読み取り役、測定値を記入する帳付け役、その記録表を集める役、杭打ちや杭持ち役などである。

目標となる村境や岬には、前もって村側で標識や梵天を立てさせた。組別に色分けすることもあった。まず、忠敬か下役が村役人に指示して梵天持ちを位置に付かせ、杭持ちと掛け矢を持った杭打ち係に杭を打たせる。次に、鎖持ちが鎖を伸ばし、棹取り《さおと》りという名の中間《ちゅうげん》が距離を読む。棹取りは梵天の間が広すぎて鉄鎖が届かない時は中継ぎ用の棹を立てたり、鉄鎖の張り具合を見たり、短い距離には間棹を当てたりした。そして帳付けが梵天持ちの手札に測定値を書き込んだ。

●作業班の役割分担

棹取りは、伊能測量が幕府事業になってから設けられ、小者の身分だが従者より上の扱いだった。藤縄継ぎ合い、測量器具掘り込み、道路縄先見通し、船の岩寄せ指図などをおこない、ある程度の経験と熟練を必要とした。

正・副羅針は下役か内弟子の役で、正羅針役が指揮者を兼ねることもある。直線の方角と交会法の方位を測る。帳付けが書き込んだ手札は、鶯《うぐいす》持ちという係が篠串《ささ》に一枚ずつ順に刺して集めていく。測定が終わって次の梵天に羅針を移動するのは村人足だった。

仙台湾の測線（伊能中図・部分）　海岸線が入り組んだ石巻や牡鹿半島の測線の様子。（早稲田大学図書館蔵）

鎌掛村《かいがけ》（滋賀県日野町）の測量風景素描画　測量作業に協力する人々の個々の動きを描いている。鷺持ちは、梵天持ちが持っているデータを書き込んだ手札を集める役。（鎌掛公民館文化部「鎌掛村誌」）

横《よ》切《こ》り《ぎ》測量

導線法・交会法と並んで伊能測量の精度を保つ柱となったのが、横切《よこぎ》り法である。岩場の多い岬の先端など測量が難航する場所では、岬の付け根部分に測りやすい測定ルートを設け、困難部分の測定誤差が全体に影響しないようにした。たとえば、三陸海岸（第2次測量）はリアス式海岸なので、地図の測線は岬の先端でなく根元を横切っている。この時は個人事業だったので、全体を把握するのを基本にして効率を優先したようだ。

また、横切り法は四国を縦断する1本の測線にうかがえるように、全体的な地形確認にも用いられた。沿岸を測進したデータよりも、横切り線のほうが一般的には精度が高いため、沿岸測量の精度をチェックできたのである。

中国地方では、特に内陸部を縦横に測線が走っている。全国図をまとめるにあたり、中国地方を基準にしたと言われている。

半円方位盤　遠方の目標となる山岳、島嶼、岬などの方位を測るために使われた。中央の磁石で北か南の方位を正しく合わせ、標尺を立てて目標を狙い、周囲の半円の大きな目盛りで方位を読みとる。（国指定重文・伊能忠敬記念館蔵）

最終版中図・四国部分（成田山仏教図書館蔵）

富士山を目標にする

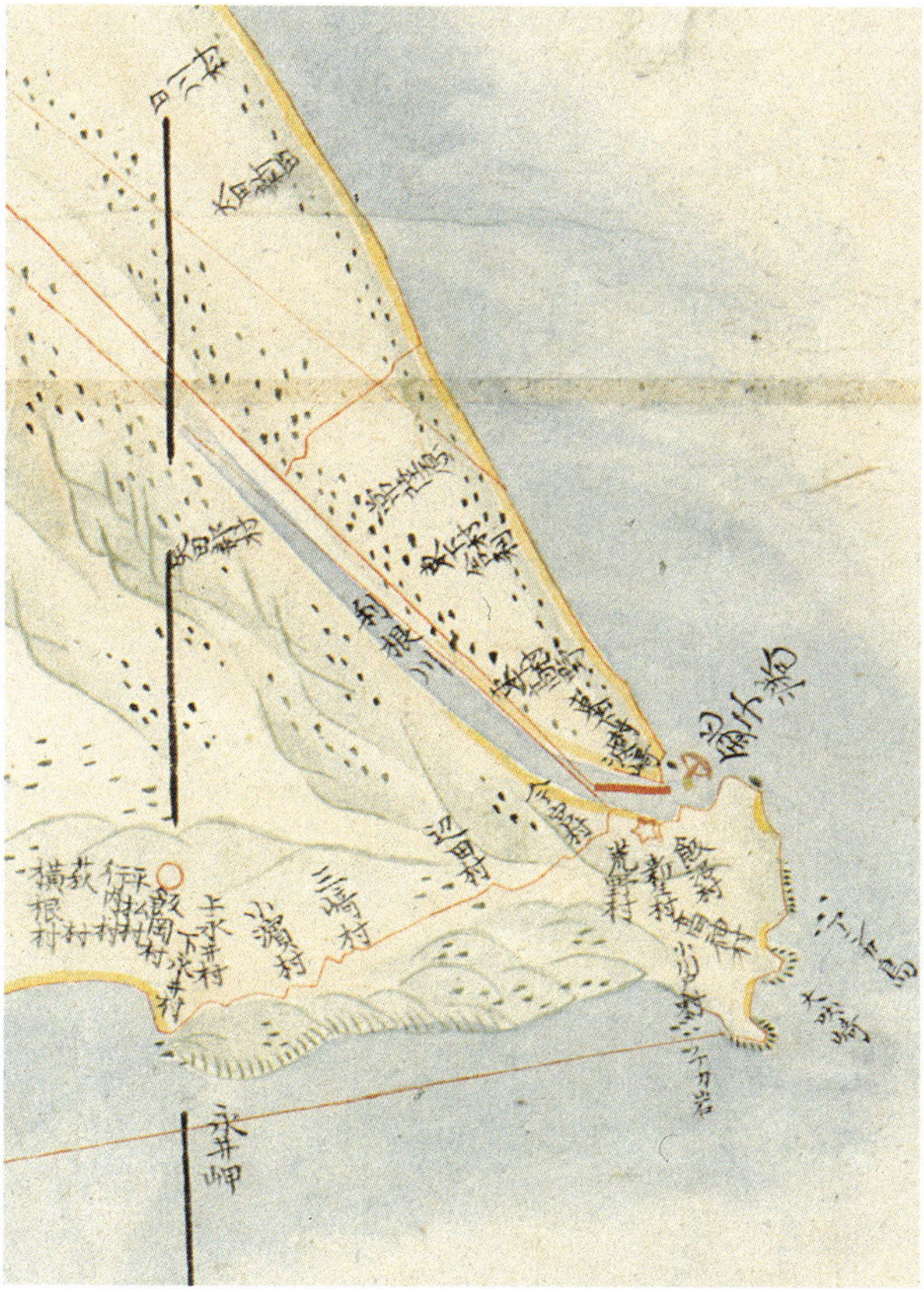

犬若岬の位置（伊能中図）
富士山への測線は犬吠埼南側の千カ岩（千騎ケ岩）の近くの犬若から出ている。方位は申の6分半。（成田山仏教図書館蔵）

地球の丸く見える丘展望台　犬若岬の北の愛宕山山頂にある。360度の見晴らしができて、まさに地球の丸さが実感できる。

犬若岬　いま犬若崎と呼ばれる場所はないが、犬吠埼の南側に犬若という地名がある。ここに千騎ケ岩という岩礁があって、その隣に犬岩に向かって突き出た小さな岬がある。おそらくここが犬若崎とか犬若鼻と言われていた所である。

交会法は、遠方の著名な目標物による現在地の確認にもよく使われた。最も多かったのは富士山である。富士山は至るところから見えるので、その方位は丁寧に何度も測られ、位置は確定していた。したがって、逆に富士山を見通せれば、導線法による測量結果の確認ができた。

伊能中図には、各地から富士を測った朱の方位線が40本近く引かれている。実際に富士が見えれば必ず測定がおこなわれた。『山島方位記』の最初に富士山の方位が出てくるが、全部合計すると300回以上となる。

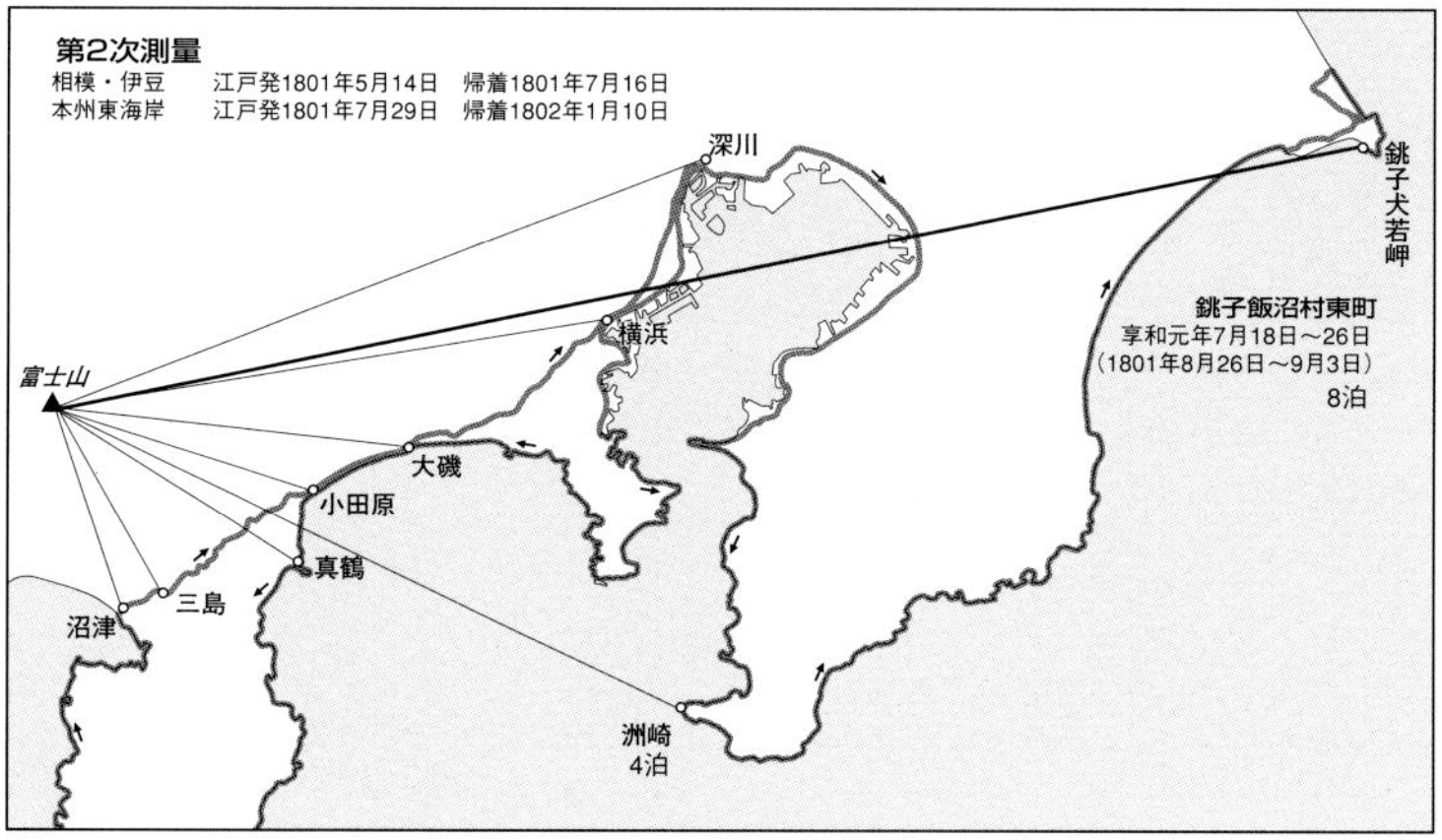

犬若岬から富士山への方位線

●銚子から富士を測る

第2次測量の測量日記に「銚子で富士山の方位を測るために、各所に人を出し、何日も待って犬若岬でようやく測ることができ、嬉しかった」と記している。銚子まで測量してきて、これまでのデータの精度をどうしても確認したかったのである。千葉県の行徳《ぎょうとく》から銚子までの房総測量に、忠敬は37日を費やしたが、連泊したのは館山近くの洲崎《すのさき》（4泊）と銚子（8泊）だけで、いずれも富士などの方位を測るためだった。銚子では9日目にやっと富士が見えて、内弟子の尾形が観測できた時の忠敬の喜びが分かる。第2次測量から忠敬は徹底して間縄を張っており、測量方法を改善していた。銚子で富士の方位を測り、導線法の測量結果とほぼ一致したので、嬉しかったのであろう。

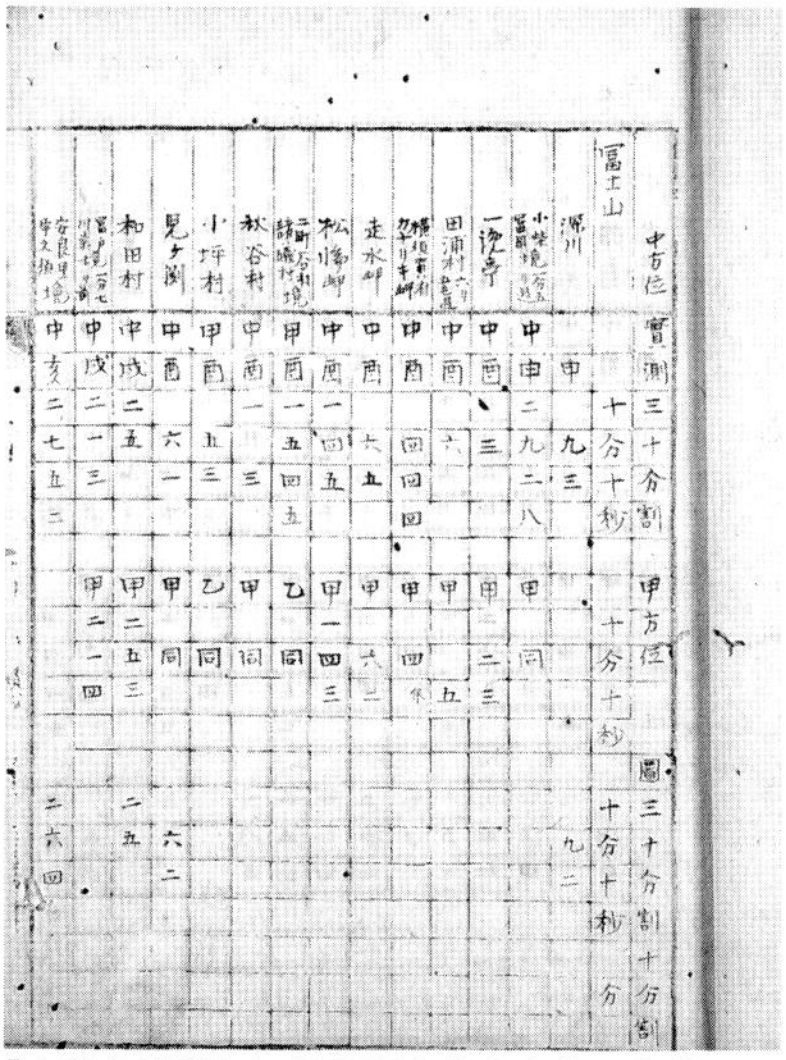

『山島方位記』に見る富士山の方位　各地からの富士山の方位が300以上記録されている（忠敬自筆）。使用機器を中（中方位盤）、甲、（たぶん半円方位盤の記号）と略記し、人と機器を替えて2回以上測られた場合はそれぞれの値を記録する。恐れ入った慎重さである。全67冊。方位測定は6万回に及ぶ。（国指定重文・伊能忠敬記念館蔵）

測量が難しい地域の工夫

量程車《りょうていしゃ》という距離測量用の器具がある。牽《ひ》いて歩けば、車輪に連動する歯車で距離を回転数に換算して表示する。しかし実際には、平坦地で固い道でないと出番はなかった。おもに、名古屋や金沢城下など、縄を張るのをはばかられた場所に用いられた。

伊豆七島の御蔵島《みくらじま》では沿岸を測るために、人が泳いで縄を引いたという。崖が海に迫って船が寄せられないので、岩角から岩角に縄を持って人が泳いだと記録されている。

伊能隊の測量風景（浦島測量之図・部分）　全国を測量した伊能隊の測量風景を描いた絵図は、この図を含めてわずか3点しか知られていない。浦島測量之図は、加茂郡阿賀村（呉市）で庄屋をつとめ測量日記にも名が出ている宮尾三兵衛が、絵師に描かせたもの。全体は縦27×横420cmの長い巻物で、本図はその一部。船はすべて「白地に三つ引き」の芸州浅野藩の旗を立てた藩船である。浜辺の両端に梵天を立て、その間を大勢の人足が並んで間縄を引いている。測量方らしい帯刀の人物や、測量用の杭を背負っている人足もいる。また、陸の左側の扇子を持った役人が、岸に寄った小舟の船頭に何か話しかけ、船頭も応じている。すぐ近くに村人足が1本ずつ刀を持って従っている。（宮尾幾夫氏蔵・呉市入船山記念館保管）

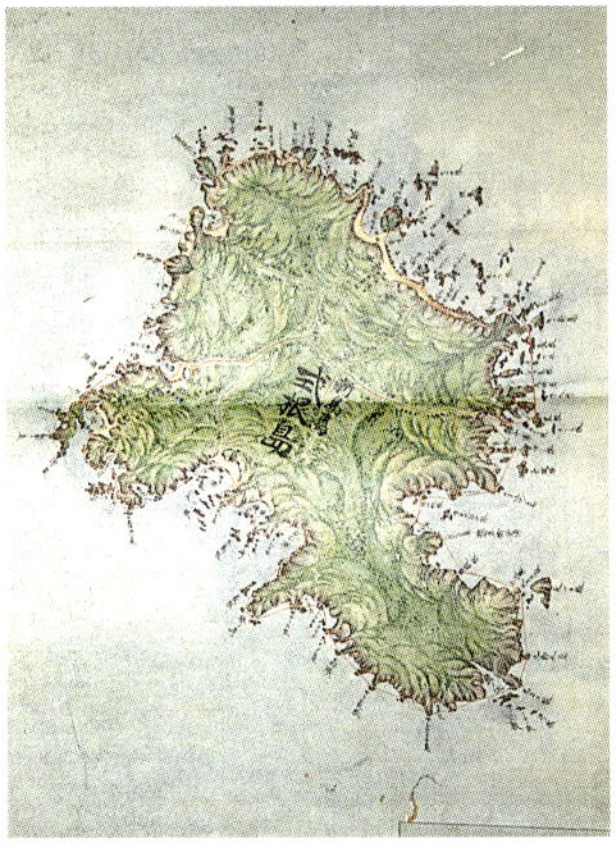

式根島の海中を走る測線
伊豆七島の御蔵島《みくらじま》で泳いで引縄したことが測量日記に出ているが、式根島でも海中を走る測線が多数描かれている。（国指定重文・伊能忠敬記念館蔵）

量程車の構造　動輪が２つあり、左端の歯車に直結する。１目盛りは１間（1.8m）。連結する歯車で10位、100位、1000位を表現でき、最終段の歯車では10万間（180km）まで計測できる。

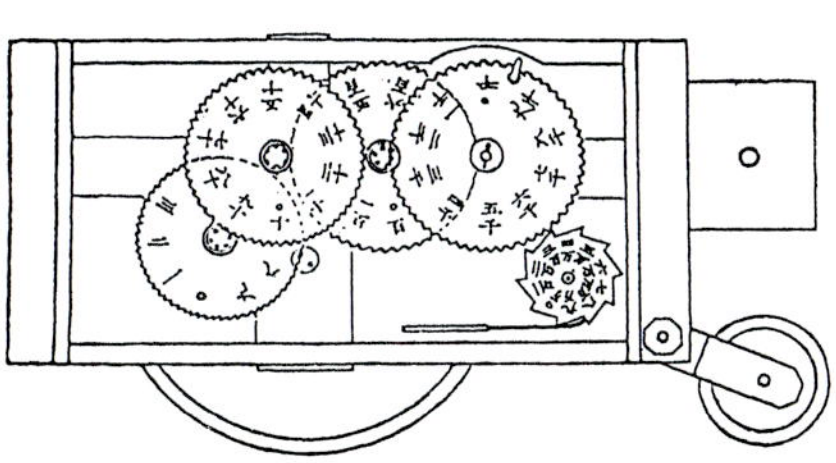

量程車《りょうていしゃ》（国指定重文・伊能忠敬記念館蔵）

地方測量之図《じかた》
葛飾北斎（1760-1849）画。北斎が89歳の嘉永元（1848）年に、盛岡藩士梅村徳兵衛の依頼で描いた測量景観図。伊能隊とは測量器具の形が少し違うが、天測を除けば忠敬は特別な測量方法を用いていないので、風景としてはほぼ同じ感じになるだろうと思われる。（明治大学刑事博物館蔵）

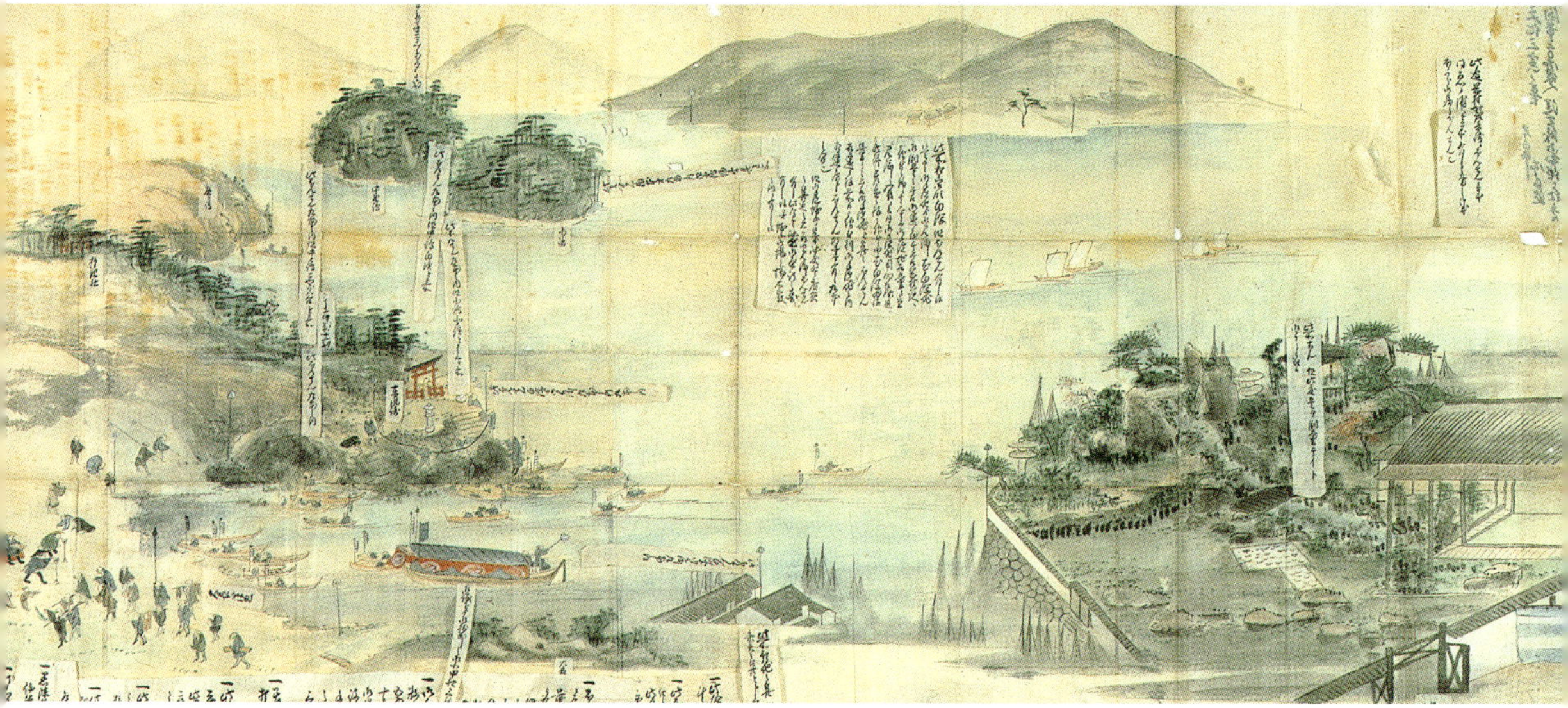

御手洗測量之図（全景）　この図は、広島県豊田郡豊町の北川家に伝えられたものである。文化3（1806）年3月1日におこなわれた御手洗の大長浜付近の測量の様子を描いている。絵画端の裏書きによると、内弟子の平山郡蔵から本陣亭主に依頼があったので、竹原に来ていた絵師に頼んで描いたという。原図は忠敬に提出し、北川家に残ったのは控え図である。（北川義明氏蔵）

測量方役人作業風景の図（御手洗測量之図の部分拡大）　付箋で人物が特定できる。黒の陣笠をかぶっているのが伊能勘解由（忠敬）、竹の革の笠をかぶっているのが坂部貞兵衛とある。忠敬の槍持ちは御手洗の利平次と書かれている。（北川義明氏蔵）

浦島測量之図（部分）　彎窠羅針を覗く
浦島測量の図に描かれている彎窠羅針を使った方位測定の風景である。奥の人物は覗き尺を眺めており、手前の人物は磁石盤を読んでいる。連絡のために走ったと考えられる人物が何事かを報告している。この絵画の中に忠敬が描かれているとすれば、奥で覗いているのが忠敬である。（宮尾幾夫氏蔵・呉市入船山記念館保管—以下同）

浦島測量之図（部分）　測量支援部隊は、忠敬の槍、忠敬と下役・内弟子の刀をはじめ、茶道具、縁台・燭台、草履・草鞋、床机などまで持ち運んだ。

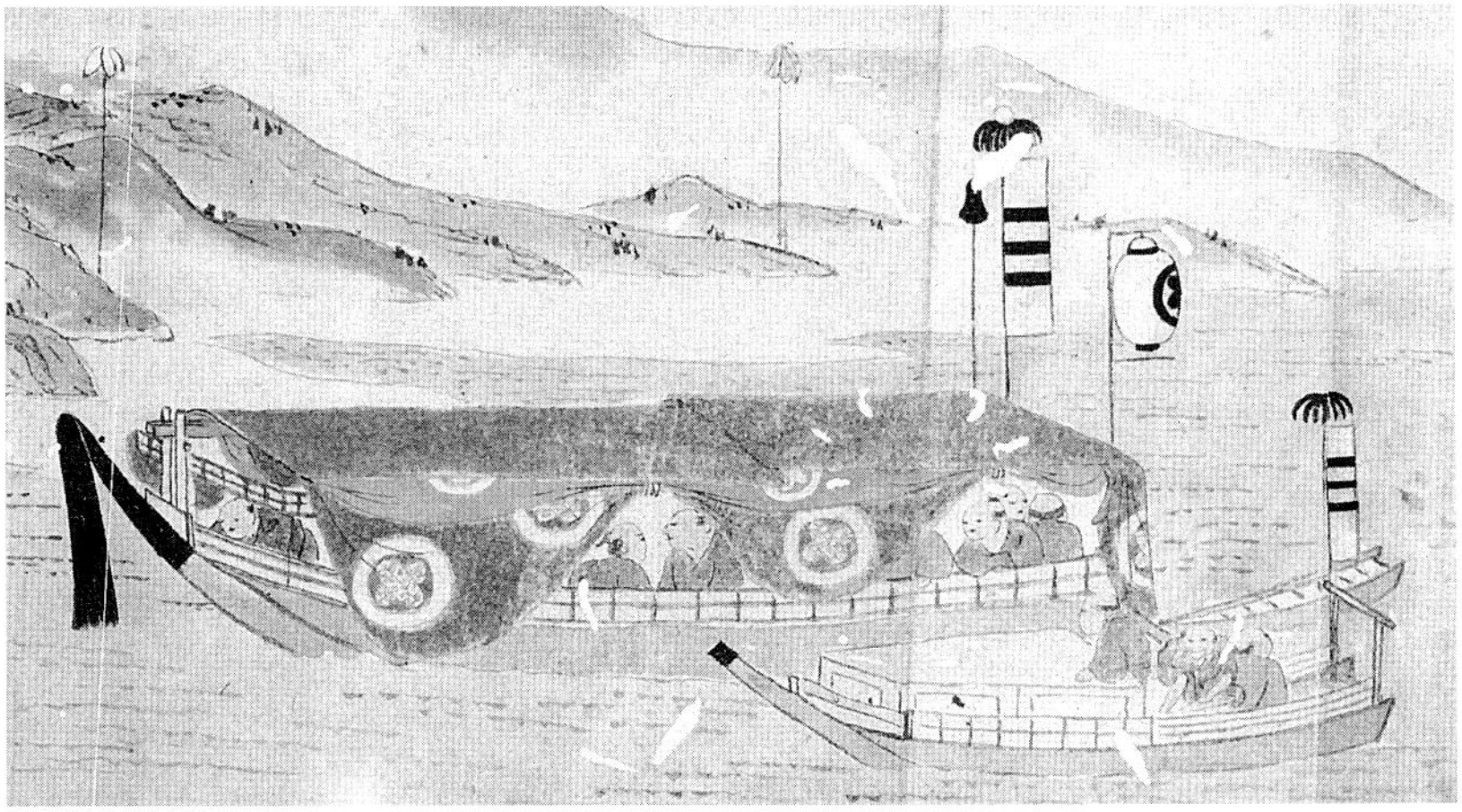

測量隊の親船（浦島測量之図・部分）　浦島測量之図に描かれた親船（本船）である。幕が張られ芸州藩の藩旗が立てられている。親船には手分けした一つの隊の隊員数人が乗り込み、これを中心に数十隻で一つの作業船団が組まれた。作業船団は３手用意されたという。離島では親船に寝泊まりをした。近くにいる小舟は尾道で材料を買い込んで連れ廻ったという料理船であろう。

第3章

伊能隊の天体観測

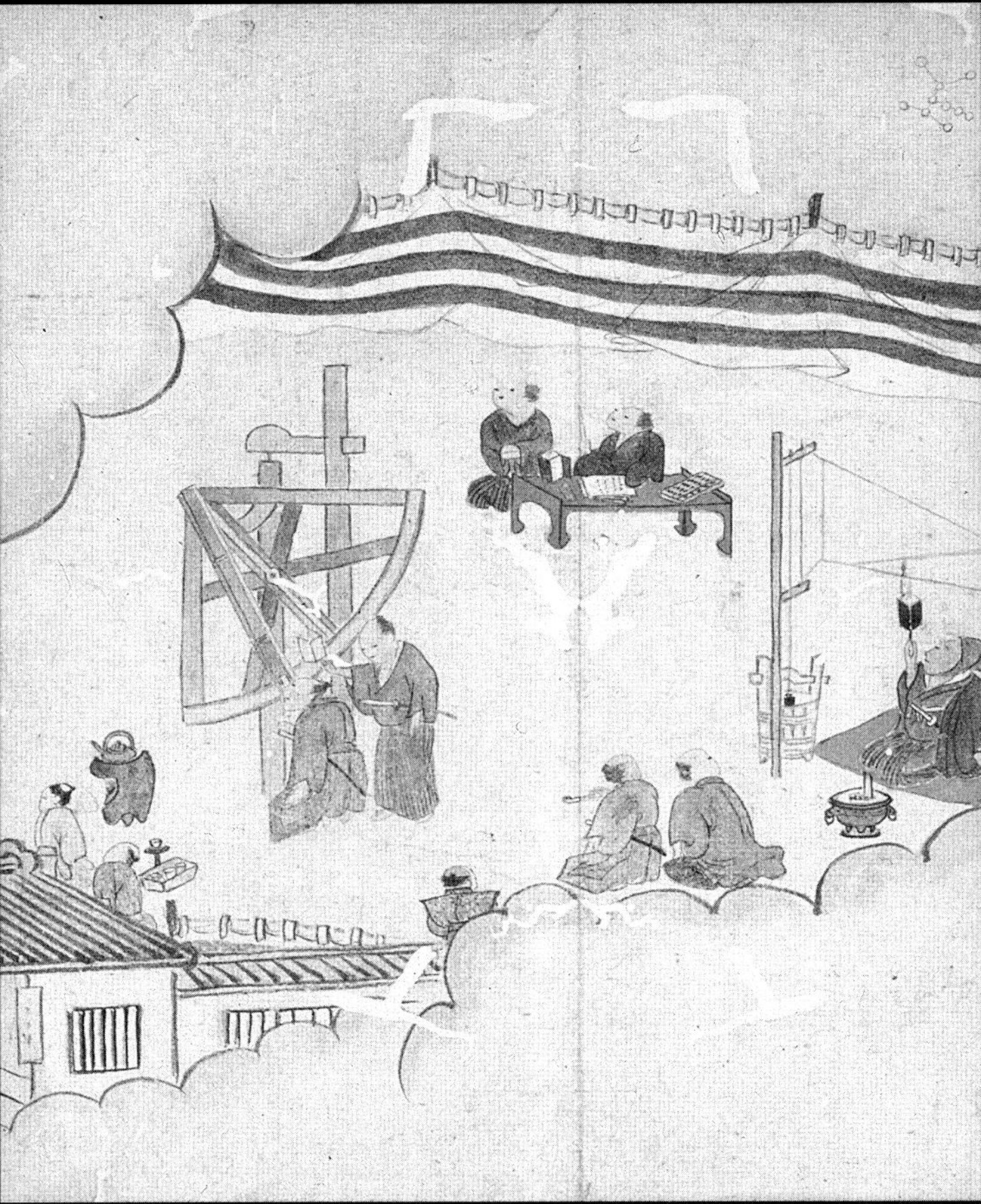

天体観測のねらい

伊能大図や中図には、朱の測線の近くに☆印を見つけることができる（書かれていない図もある）。☆印は伊能隊が天体観測をした場所である。伊能隊は宿舎を選定する時、天体観測ができるよう、南北に見通しのよい10坪ばかりの土地が確保できることを条件にした。

●恒星の観測と食の観測

伊能隊の天体観測は大きく二つに分けることができる。

晴れてさえいれば北極星をはじめとする恒星の高度の観測が毎日おこなわれた。これはその土地の緯度の測定のためであった。

いっぽう、月食・日食や木星の衛星の凌犯《りょうはん》（食）現象も執拗に観測したが、これは経度の測定のためであった。これら現象の発生と終了時刻などを、蔵前の暦局《れききょく》、大坂にも置かれていた観測所（幕府天文方に協力していた大坂の間《はざま》氏が運営した）、測量隊の3カ所で同時観測して、時刻の差から経度差を求めようとしたのである。日食や月食はいつも起こるわけではないから、予定される期日にはかなり前から準備された。

広い地域の地図制作に天測を利用すればよいと提唱したのは、忠敬より100年前の数学者・建部《たけべ》賢弘《かたひろ》であったが、実行した者はなかった。実行したのは伊能隊が初めてである。忠敬も意識して自分たちの測量法を天文測量と言っている。

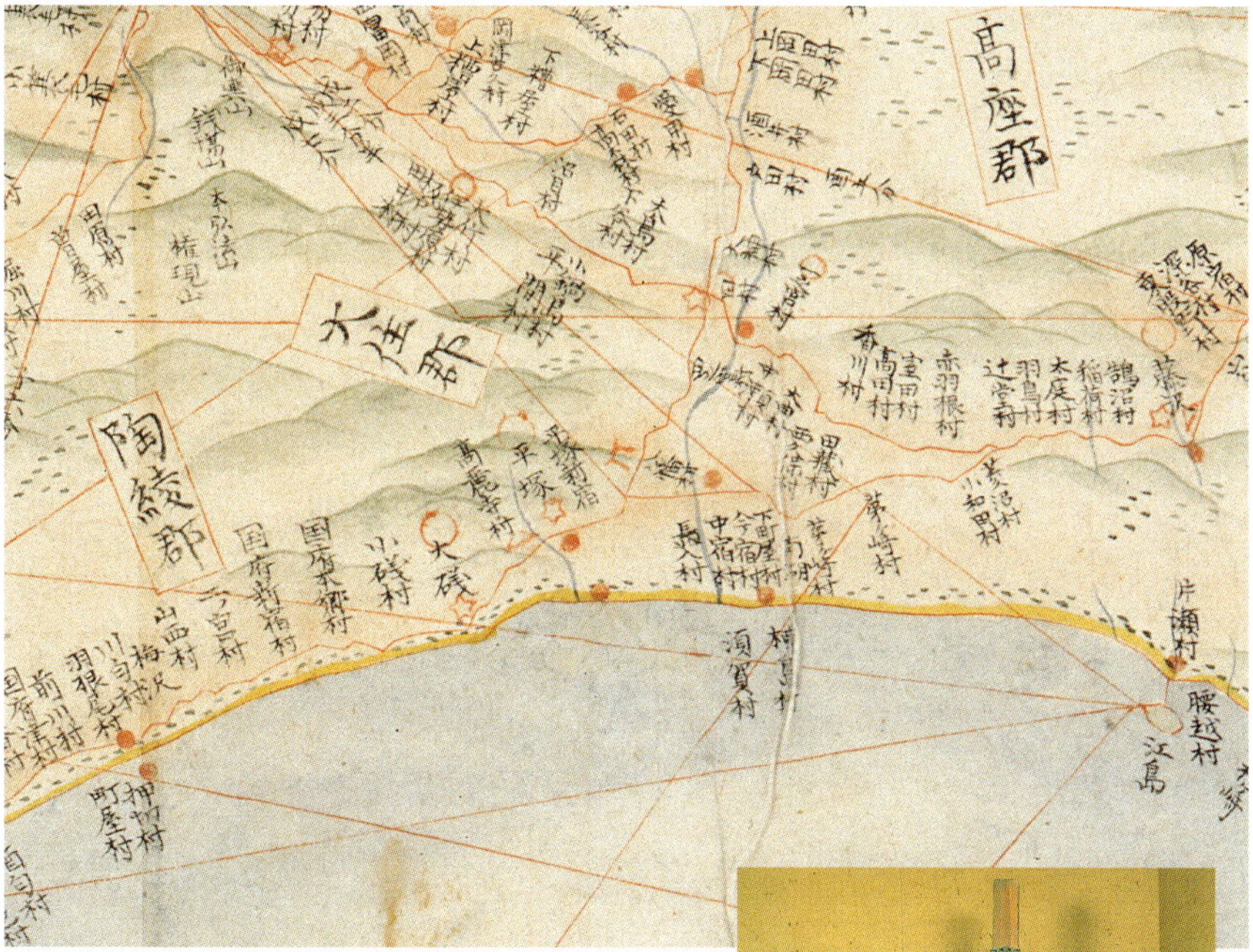

天測地点（伊能中図・部分）　大磯付近の拡大図。大磯、平塚、田村に☆印があり天測がおこなわれたことが分かる。（成田山仏教図書館蔵）

中象限儀　測量先に持参した中象限儀。支柱は当時のものではない。（国指定重文・伊能忠敬記念館蔵）

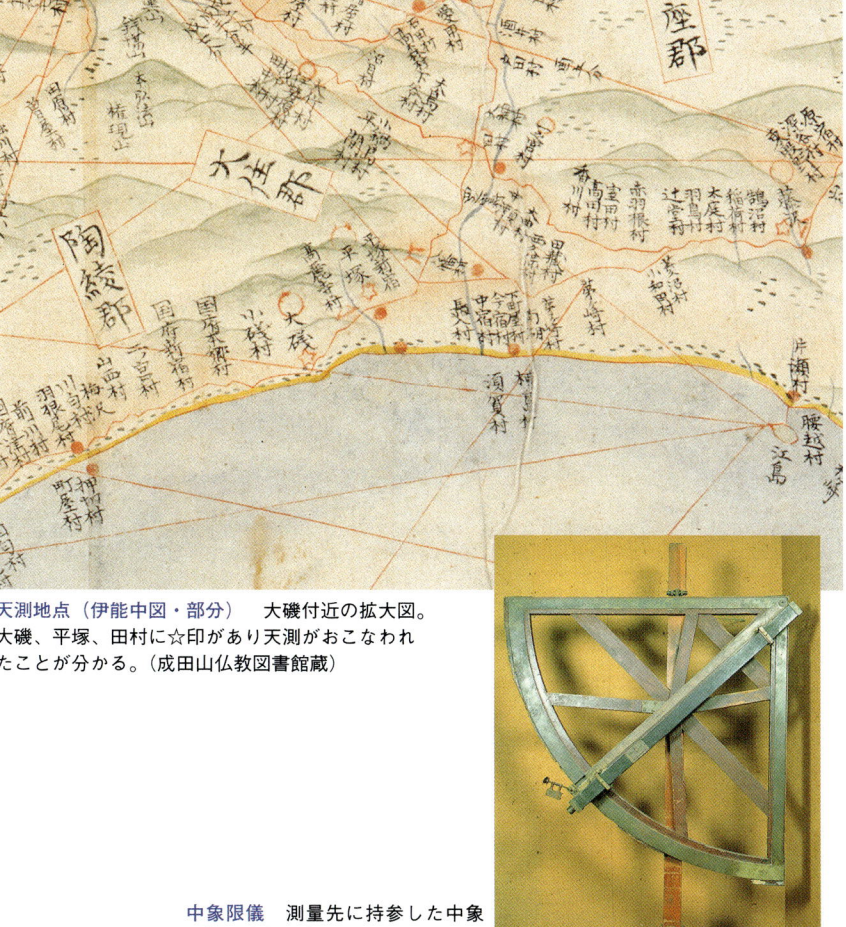

緯度の観測

緯度の観測には、恒星の高度を象限儀で測定した。象限儀には大、中、小の三種類あるが、測量に携行したのは中象限儀である。回転角を読みとる目盛盤のついた半径約115cmの四半円と、これに沿って回転する望遠鏡からなっている。象限儀は正しく南北を結ぶ子午線上に配置する。象限儀の垂直部は鉛直線に沿っていなければならない。設置には村役人を指揮者とする10名くらいの村人足が従事した。

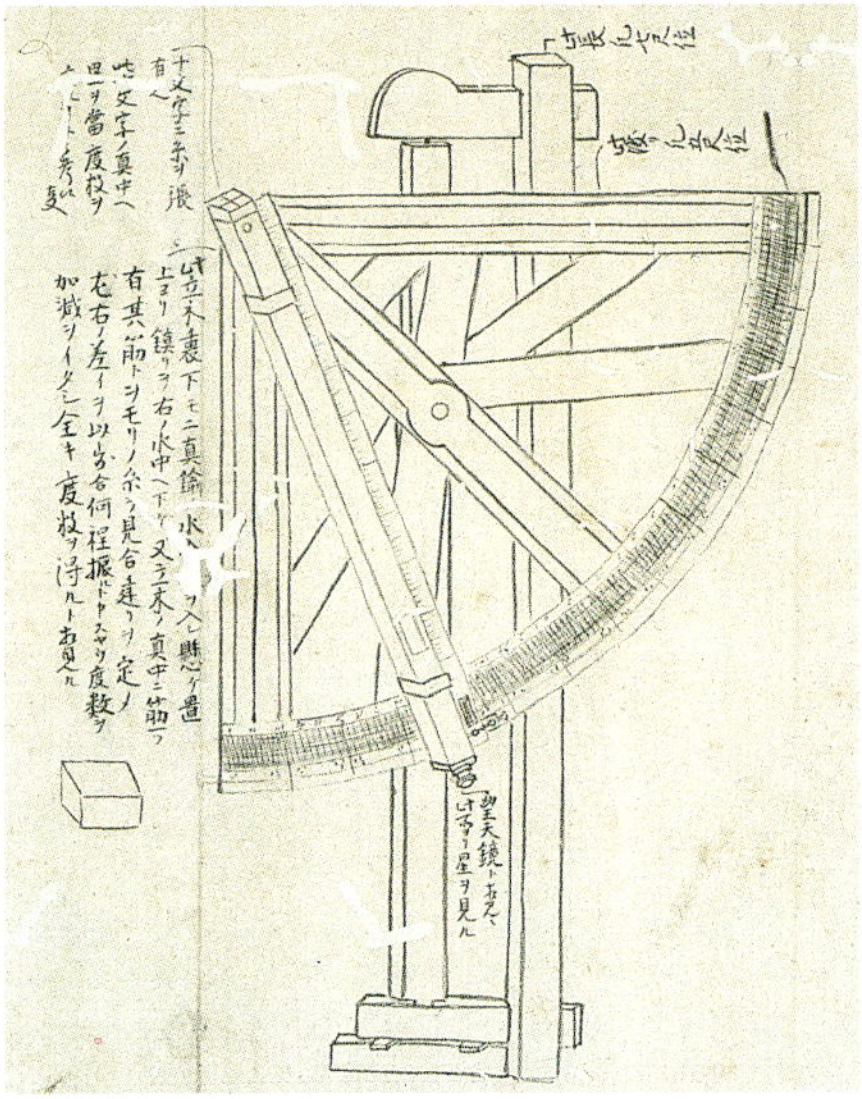

浦島測量之図に描かれた象限儀　実物写真と違う点は支柱だが、この図のほうが本物と言える。かなり大がかりなものだった。(宮尾幾夫氏蔵・呉市入船山記念館保管)

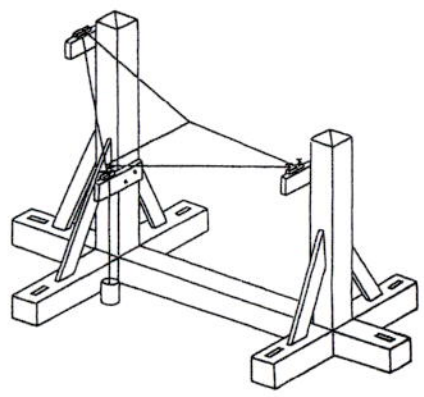

子午線儀　星が正しい南北線に差しかかる正中を観測する。子午線儀を使わずに象限儀だけで観測することもある。

大谷亮吉『伊能忠敬』に描かれた子午線儀と浦島測量之図に描かれた子午線儀

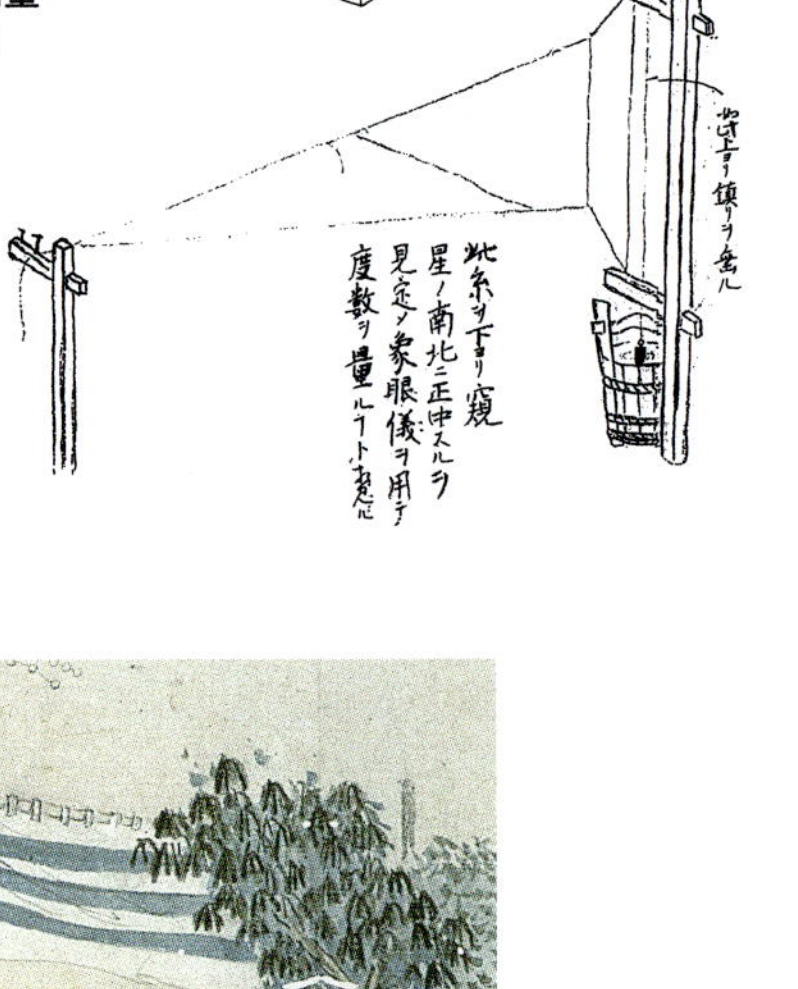

伊能隊の天体観測(夜中測量之図)　浦島測量之図の一部分で夜中測量之図と題がある。伊能隊は宿泊する時に、宿の近くに南北に見晴らしのよい10坪ほどの場所を用意させ、晴れていれば必ず天測をした。宿が条件を備えていないと宿替えもおこなった。図では、藩の幔幕を張りめぐらせた中央に中象限儀を据えつけ、恒星の高度を測定している。多い時は一晩に30個も測った。右の方には子午線儀が置かれ、火鉢の前の赤い毛氈の上に手明かりを持った頭巾の老人が座っている。忠敬が描かれていれば、この老人がまさにその人である。(宮尾幾夫氏蔵・呉市入船山記念館保管)

●難しい恒星の観測

観測の開始は夕食後である。忠敬が測った恒星は北極星はもちろん、小熊座、カシオペア座、獅子《しし》座など誰でも見れる普通の星であった。忠敬は江戸・深川の隠宅で測定した恒星の高度表を持っており、これと比較して緯度を求めた。

天体観測は伊能隊の表看板で、一晩に多いときは30個くらいの星を測ったという。たとえば春日部《かすかべ》で16個、宇都宮で19個、といった具合である。北極星は動かないからよいが、恒星は移動する。恒星の測定では、移動中の恒星が子午線を横切る時を象限儀の望遠鏡で捉え、鏡内の中心線を横断する時の望遠鏡の角度を象限儀の四半円の目盛りで読みとる。次の星の予想高度を知り待ちかまえていたとしても、次から次へと現れる星を観測するのは、なかなか忙しい仕事だった。

できるだけ多くの星を測ったのは、観測誤差防止のためであった。恒星が正中する瞬間をつかまえるのは難しいらしく、1分くらいの読み違いはすぐ起こりうるという。1分読み違えると、地図上では1.8km違うことになる。そのため数多くの星を測り、多数の観測値の平均をとっていた。徹底しなければやまない伊能測量の一つの特徴である。

●測量データの補正

整理された天測の結果は、測量データを補正するために使われたという。具体的にどのようにして補正されたかは明らかでない部分もあるが、南北分は測定した緯度に合わせて作図されたようである。伊能図の緯度は正確で、天測に努力した結果が生かされている。

測量に持参した中象限儀は一台しかなかったので、手分け隊のほうは天測ができなかった。また、関係者は自由に参観することができた。

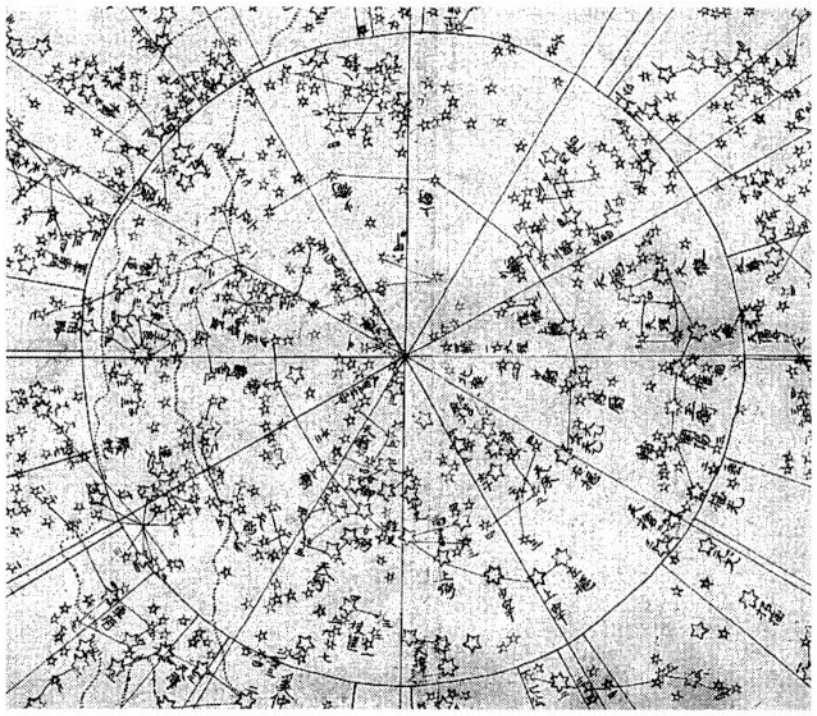

星座図　伊能忠敬の恒星全図の部分。その他にも赤道北恒星図や黄道十二宮図が伝えられている。（伊能家蔵）

経度の観測

第3次測量では能代《のしろ》に7月23日（8月20日）から11泊した。江戸を発ってから連泊したのは会津若松と新庄だけであるから、能代は特別である。これは日食の観測のためであった。

●垂揺球《すいようきゆうぎ》儀

経度の観測は大変だった。伊能隊は垂揺《すいよう》球《きゆう》儀という振り子時計を持っていた。振り子が一往復するごとに一刻み進む文字盤があり、100万回までを表示できた。1日に約5万9000回振動する。数日前から子午線儀や象限儀を設け、垂揺球儀を動かして、太陽の正中時刻を起点として翌日の正中までの

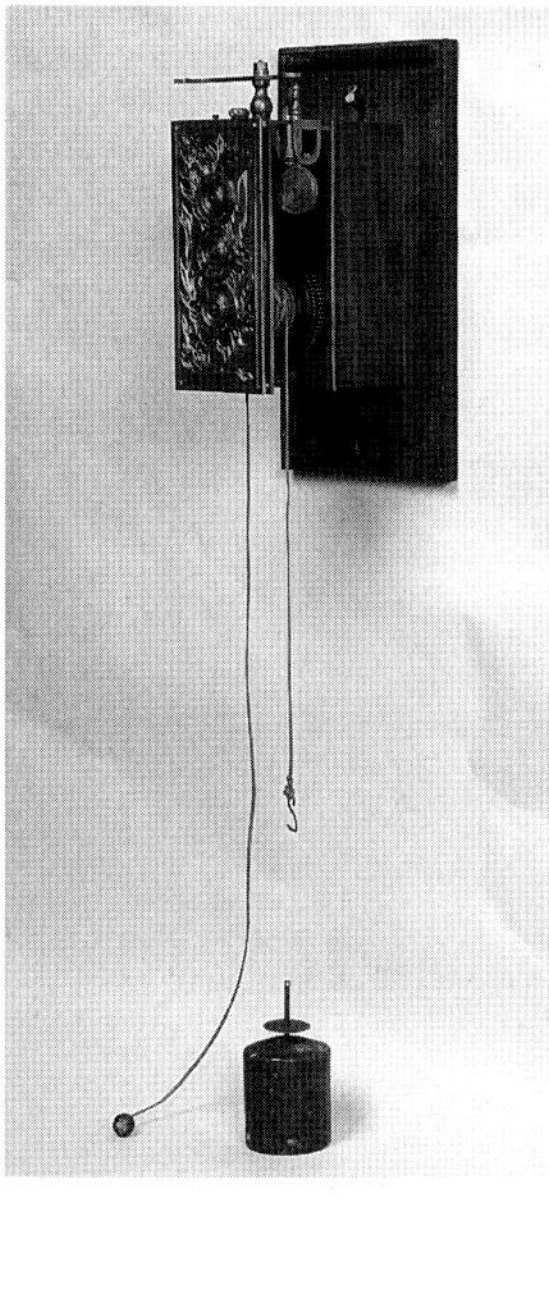

垂揺球儀《すいようきゆうぎ》　（国指定重文・伊能忠敬記念館蔵）

時間を垂揺球儀の目盛りで測り、1太陽日の長さを知る。同じようにして直前の太陽正中時間から数えて日月食の開始時刻と終了時刻が何万何千回目にあたるかを、垂揺球儀の目盛りで測り、江戸・大坂の同時観測数値と対比しようとしたのである。

●観測の不成功

伊能隊の測量期間中に起こった日食の回数は4回、月食は9回であった。しかし、どこかが悪天候だと観測は成り立たない。江戸・大坂をあわせた3カ所で同時観測できたのは3回、2カ所観測まで入れても、5回しかなく、測定値が使えたのはわずか2カ所であった。つまり経度は観測できず、不成功だったと言ってよい（佐久間達夫氏の調査による）。

幕末に日本近海の測量に来た英国測量艦隊は経線儀（クロノメーター）を持っていて簡単に経度の測定ができたが、伊能隊には経線儀はなく、原始的な方法しかやりようがなかったのである。伊能図に書き込まれた経線は、導線法、交会法で作製し、緯度だけ補正した地図に理論値を書いただけである。北海道と九州は著しく東偏している。

●能代で日食を観測

さて能代であるが、享和2年7月23日午前中に着き、すぐ日食観測用の子午線儀の設置にとりかかった。子午線儀はその土地の太陽など恒星の高度が一番高くなる子午線通過時を判断するための機器である。

翌24日に子午線儀の据えつけが完了する。25日、大風雨。26日、太陽の正中を測る。正中を捉えたので垂揺球儀の稼働が可能となる。27日は終日曇天。28日、曇天。29日、太陽正中を測る。これで1太陽日あたりの垂揺球儀の動作数が確認できたことになる。晦日は大曇、雨、大雨、強風。垂揺球儀が止まったという。垂揺球儀が止まっては大変である。すぐ再起動したであろう。若干の誤差が出るが仕方がない。

8月1日、日食の当日である。朝から曇り少し風。午前中はときどき

測食定分儀《そくしょくていぶんぎ》　日食や月食観測の際に望遠鏡の先に付けられた。食の進み具合が分かるように目盛りがある。（国指定重文・伊能忠敬記念館蔵）

星座図　恒星全図の全景。（伊能家蔵）

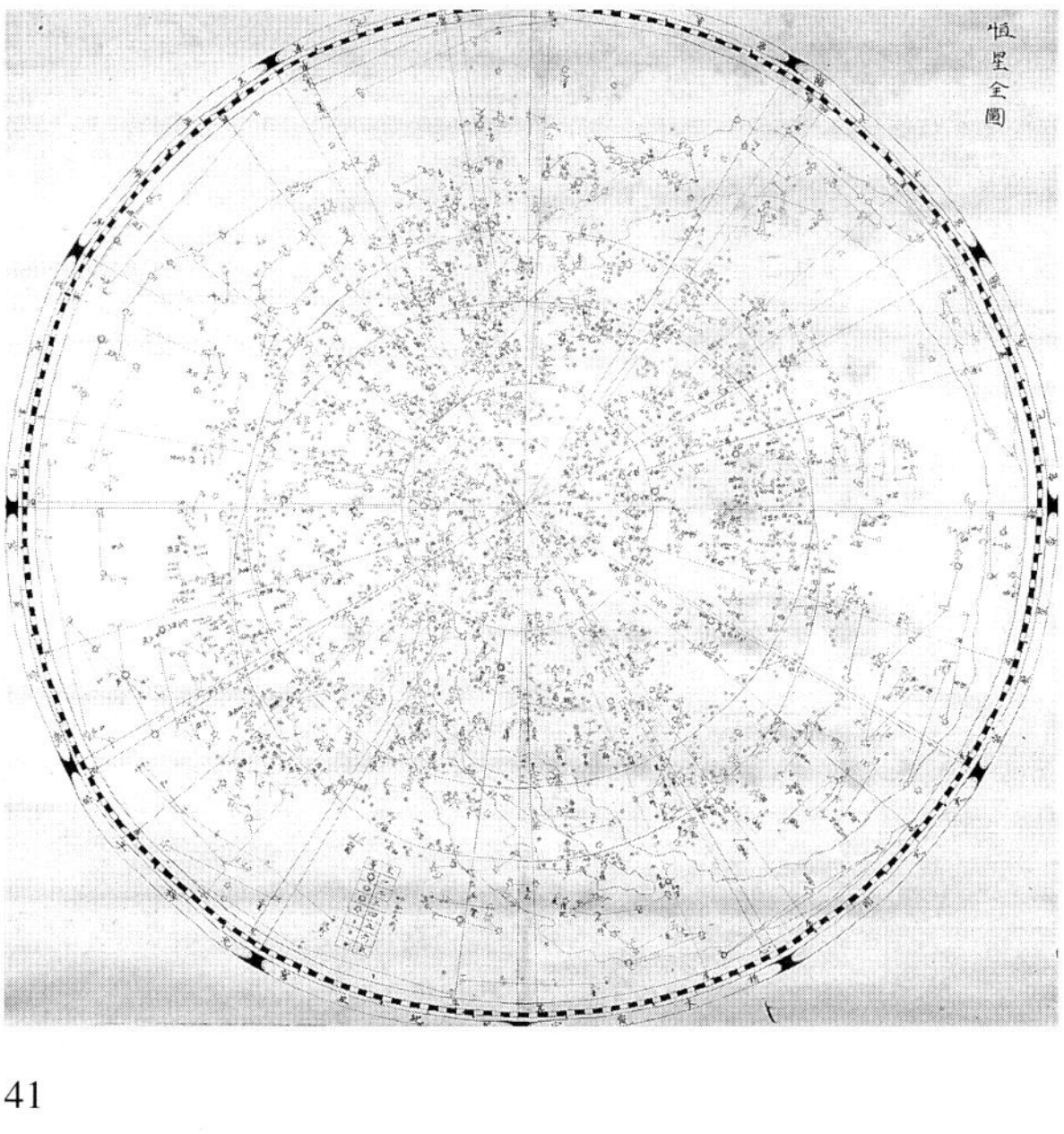

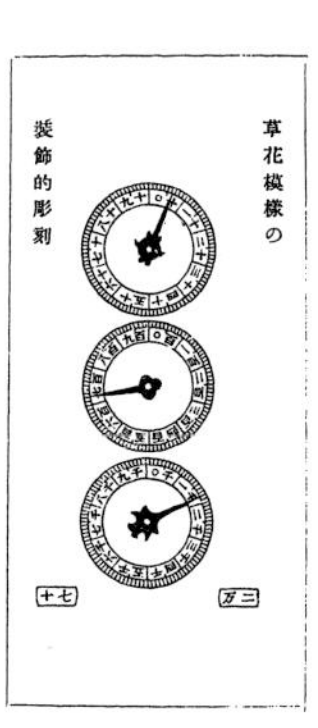

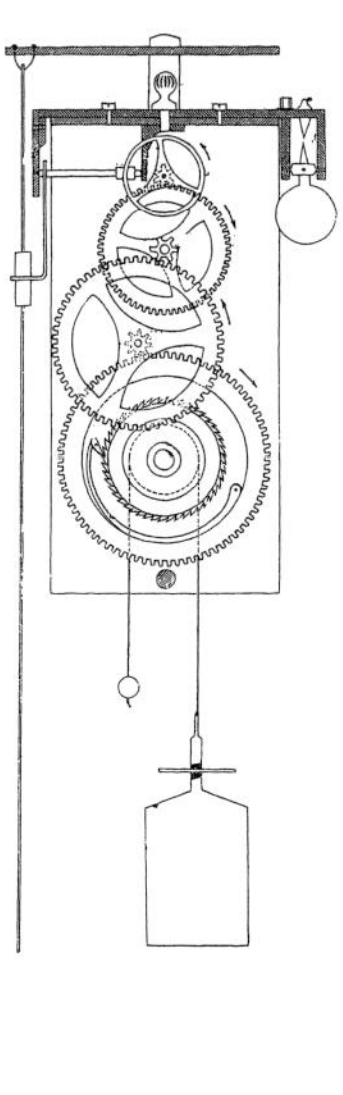

垂揺球儀の構造
（大谷亮吉『伊能忠敬』）

雲の中に日影が見えたが、午後から一面薄墨の雲がおおって、太陽がまったく見えなくなる。それでも、午後2時頃から日影を待つ。日食が始まる頃、雲がますます深くて見えない。復円する少し前にようやく雲間にぼやっと形が見える。大望遠鏡と中望遠鏡を使って測る。これは食の進行度と垂揺球儀のカウントの対比を記録するためだろう。少しでも役に立てたいということである。復円する頃はまた見えなくなる。終了時の垂揺球儀のカウントはあげられなかった。

大変な努力だったが観測は失敗である。翌2日と3日に太陽の正中を測った後、能代を離れる。3日に暦局行き御用状を出して結果を報告した。

●徹夜で木星の凌《りょう》犯《はん》を測る

第5次測量に出発した伊能隊は、文化2（1805）年4月22日に伊勢の山田に着いた。その夜は、木星の小衛星の凌犯、つまり木星の衛星で当時知られていた4つのうち1つが木星と重なる現象を観測した。下役の市野、内弟子の平山らが深夜から観測を始めて夜明けになったという。伊勢には8泊した。ついで、5月1日から9日まで鳥羽に滞在し、5月6日、7日、8日の3夜にわたり小衛星の凌犯を観測した。6日夜は、副隊長の高橋善助と市野が明け方まで木星を測った。7日は市野、平山と内弟子の小坂らが暁の7つまで観測した。

凌犯も日食と同じように、江戸・大坂・測量隊と3カ所で同時観測して、経度を求めようとした。しかしこれだけ熱心にやっても、江戸や大坂が雨であったらまったく意味がなくなる。まことに辛抱のよい人たちであった。

17年間の測量日数3753日のうち、天測は1404日記録されている。日記では天測のことを単に「夜、測量」と書いている。伊能隊で測量というのは天測のことであった。

大望遠鏡　天体観測や遠山を見通す時に使われたという。かたわらのボールペンと見比べると大きさが分かる。（国指定重文・伊能忠敬記念館蔵）

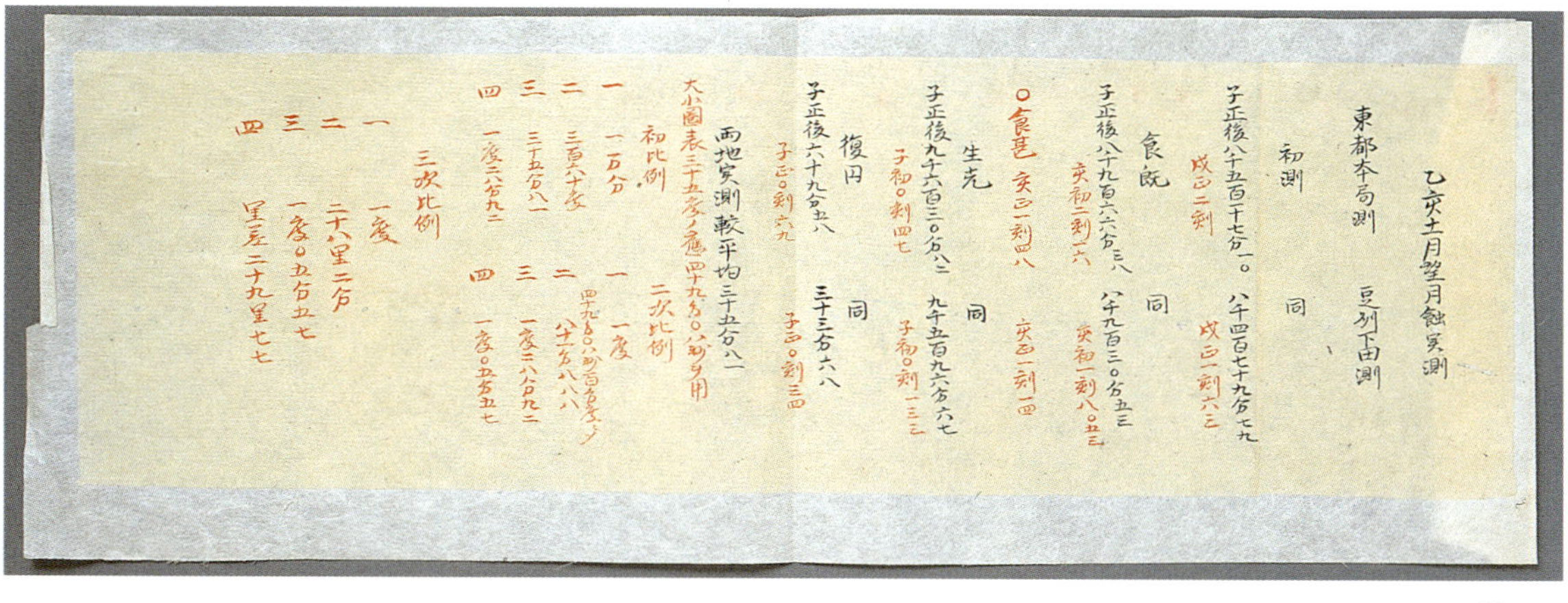

月食の観測記録　文化12（1815）年11月16日に測量隊は伊豆下田で月食を観測した。江戸の暦局の観測結果と対比したメモ書きである。（伊能家蔵）

第4章

出生から佐原時代まで

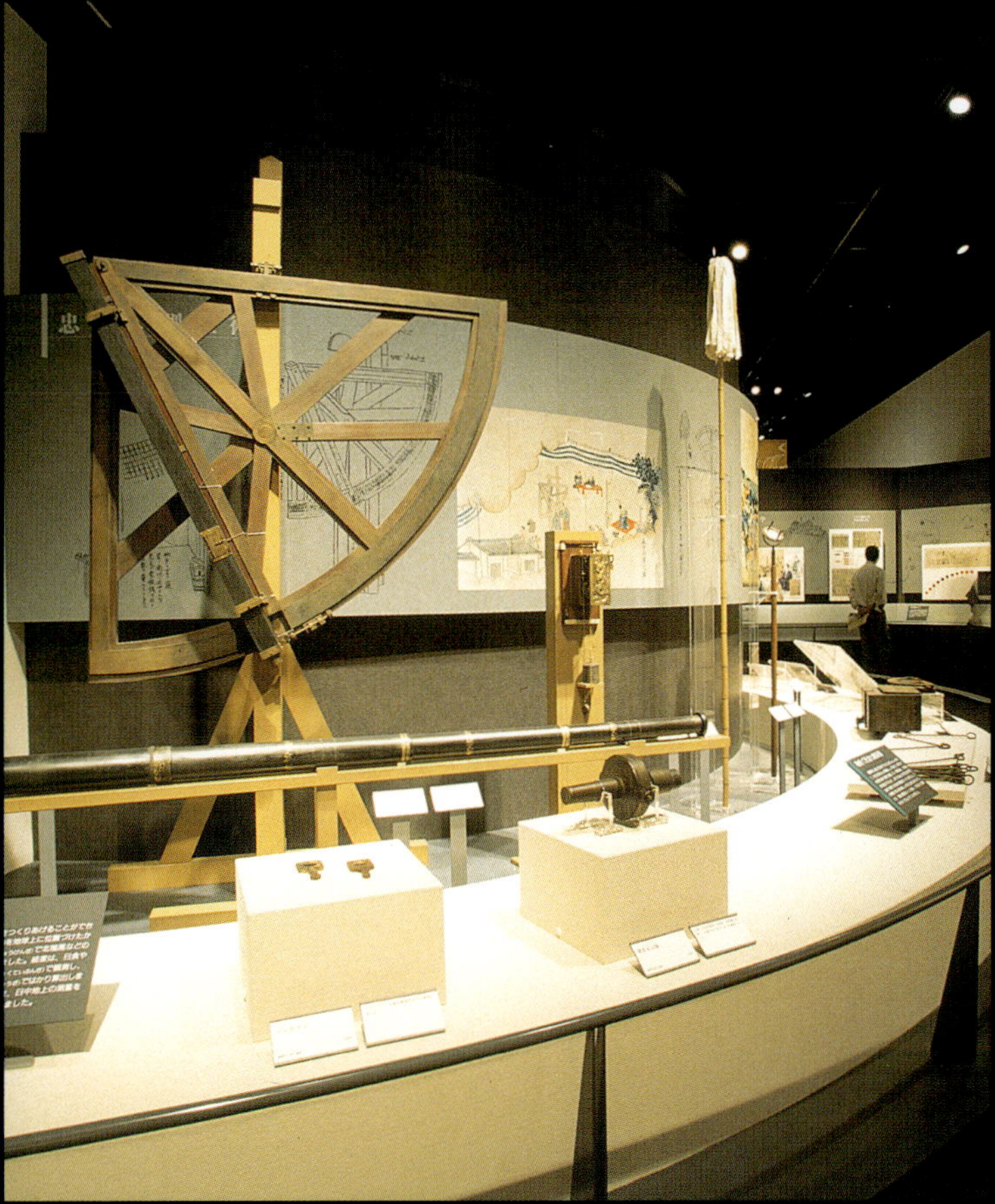

青年時代の実像

●母を失う

伊能忠敬は延享2（1745）年、上総《かずさ》の国（千葉県中部）、九十九里浜のほぼ中央の小関《こぜき》村（九十九里町片貝）に住む名主・小関五郎左衛門家の小関貞恒《さだつね》の第3子として生まれた。幼名は三治郎と言い、兄と姉がいた。6歳になった時に母みねを失う。そのため婿だった父親は離縁となり、上の2人の子供を連れて実家へ帰る。三治郎ひとり小関家に残された。

小関家では男女にかかわらず長子相続制であった。母は長子だったので、姉家督として約15キロばかり北の小堤《おんづみ》（山武郡横芝町小堤）の神保《じんぼ》家から婿として貞恒をもらっていた。姉家督の場合、妻が亡くなれば婿は実家に帰るのが決まりだったという。

この間の経緯などについては忠敬は何も語っていない。生涯の最後まで現役で、過去を振り返る余裕はなかったのであろうか。三治郎は、ひとり置かれたのだから寂しかったにちがいないが、明治の中頃から忠敬は偉人とされたため、伝記作者らは彼が逆境から立ち上がったことを強調するために、ことさら少年時代の不遇を取り上げてきた。

しかし、父に引き取られる10歳までの間、きちんと基礎教育を受けていなければ後《のち》の有能な青年・三治郎はありえないだろう。家業の手伝いはしたかもしれないが、読み・書き・算盤《そろばん》はしっかり学ばせてもらっていたと思われる。

●青春の里・小堤《おんづみ》

三治郎が10歳になると、父のもとに引き取られる。父貞恒の実家・神保家はかつてすぐ近くの丘の上にあった坂田城の城代家老を勤めていた。小田原落城後は帰農して当時は名主であった。父は実家に戻って、兄の厄介になりながら、分家を視野に入れて、二人の子供とともに働いていた。

三治郎は、17歳になって佐原の伊能家に入婿するまでを父のもとで過ごす。ここでも伝記作者・大谷亮吉は明確な事績は不明としながら、神保家の口碑によれば「三治郎が帰ったときはすでに継母がいて、安住の楽園ではなく、家にあること稀《まれ》にして、常総地方の親戚・故旧の間を流浪する」としている。

●青年像

しかし、郷土史家の伊藤一男氏によると、父が継母を迎えるのは三治郎の復帰後であり、同じ頃に分家もしたという。その他、この時代の伝承は次のとおりである。

常陸《ひたち》の僧から数学を、土浦《つちうら》の某から医学を学ぶ。平山某が土木作業の監督を命じたところ人使いがうまかった、家に泊まった幕府役人が計算をしているのを見てすぐ覚えた、など、出来のよい青年・三治郎をほめあげている話が多い。忠敬自身の言葉としては、第5次測量に副隊長として従った渋川景佑《しぶかわかげすけ》（上司の高橋景保《かげやす》の弟）が書いたという『伊能翁行状記』の中に「土浦の医某につきて経伝および医書を受く」（保柳睦美著『伊能忠敬の科学的業績』）という言葉が出てくる。経伝とは四書五経で当時の教養書だから当然である。医については、保柳睦美の調査によると、余技程度のものであったという。

いずれにしても、横芝町小堤から坂田城址の一帯は忠敬が青春を過ごした土地である。今も広い田地や山林があって、海からもそう遠くはない。当時でも暮らしやすい場所だったのではないか。神保本家（神保利右衛門家）と忠敬入婿後分家した父の家（神保理左衛門家）は、現在も小堤で続いている。

10歳から17歳といえば、人生において最も大切な時期である。奉公に出されたとしても、将来のための修業・勉学としての住み込みであったろう。流浪しながら伊能家主人として必要な教養が身につけられたとは、考えられない。伊能三郎右衛門家に入ってからの活躍を見れば、忠敬の入婿後に分家して後に寺子屋を開いたという教育者の父の指導によって、身につけるべきものはしっかり学んでいたと考えるべきである。

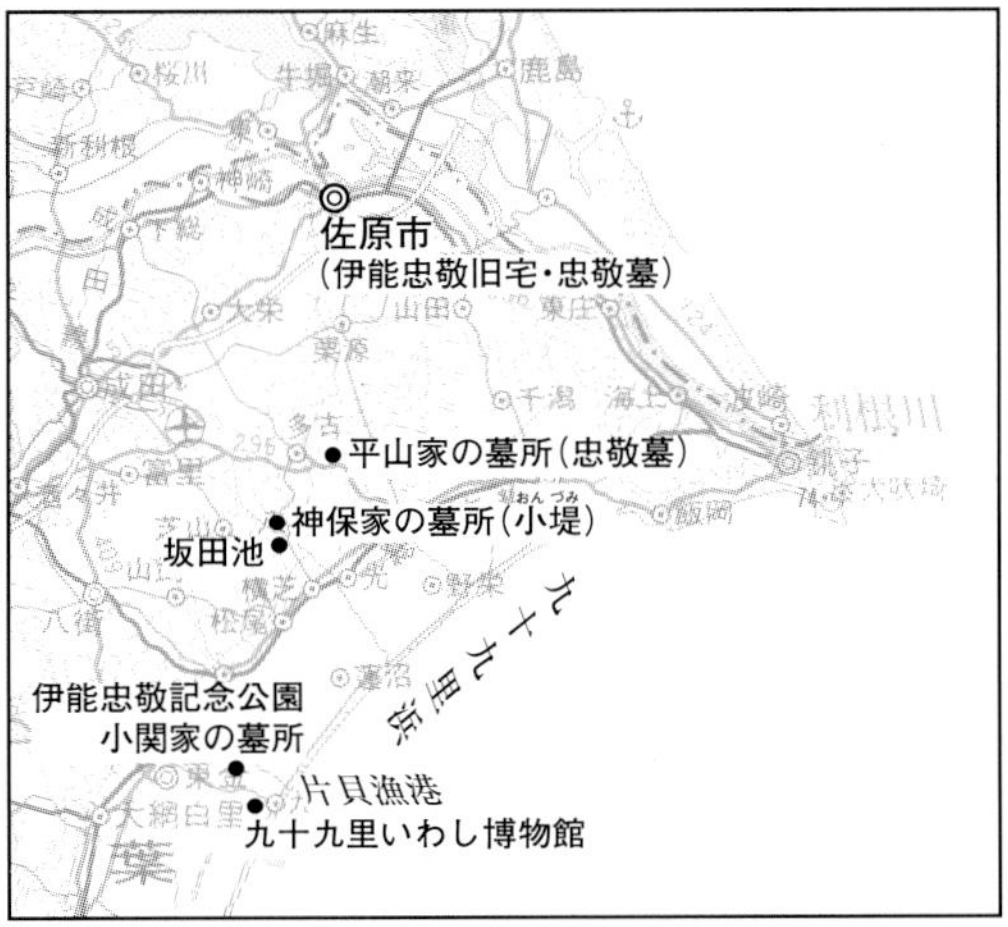

伊能忠敬の出生地周辺

忠敬の生家、小関家の墓所（九十九里町の妙覚寺） 小関家はもと東金城主の酒井氏に仕えた武士であったというが、現在はこの墓石一つを残すのみである。

事業家・伊能忠敬

●伊能家に婿入り

たまたま佐原（千葉県佐原市）の酒造家・伊能三郎右衛門家では当主が亡くなって、21歳の子持ちの未亡人達《ミチ》が婿を求めていた。家運も隆盛というわけではなかったから、家柄とか毛並みではなく才能ある婿を求めていた。その時、伊能・神保両家の親戚の平山家の斡旋で17歳の三治郎に白羽の矢が立って、佐原への婿入りが実現する。

忠敬は伊能家の親戚・平山藤右衛門季忠《すえただ》を仮親とし、形式的に林大学頭の門人となり、林家から忠敬という名前をもらって、平山忠敬として伊能三郎右衛門家に入婿する。幼い時から世間を見ていた忠敬は、佐原で抜群の商才を発揮して伊能家を隆盛にする。その後の家業への出精を強調するため、入婿時の伊能家は衰退していたとよく言われるが、それもあたらない。入婿2年前の記録が残っており、当時も1200石の酒造家で黒字経営であった。

●事業の経営

佐原時代の記録は断片的ではあるが、小堤の頃とは違ってよく残っている。家業の酒造業では造酒高1400石というような数字がある。次に、河岸一件という記録では利根川の水運の権利を争っているから運送業をやっていたことも確かである。また、江戸に薪《たきぎ》問屋を出している。屋敷地は今の旧宅よりはるかに広く、貸家もあった。田畑は8町歩余はあり、米穀の売買はかなり大規模におこなっていた。天明の飢饉《ききん》の際は関西で大量に米を買い付けておおり、窮民に施したうえで江戸で売って大儲けしたというから、米相場もうまかった。それから、店卸《たなおろし》し帳を見ると年間1万数千両の大金が動いており、金融業でもあった。彼の事業は分かりやすくいえば、今の総合商社である。

ところで、忠敬はどのくらい儲けたのであろう。伊能家の事績を述べた史料「旌門金鏡類録《せいもんきんきょうるいろく》」の中に、佐原の村人が江戸の勘定奉行の質問に答えた言葉として3万両という数字が出てくる。1両を現在の15万円とすると45億円である。忠敬の資産はこのくらいであった。

●現在の佐原

佐原はもともと豊かな穀倉地帯に位置する

伊能忠敬記念公園
忠敬の銅像。

忠敬の父・神保貞恒の墓　神保家の裏山に神保氏一門だけの墓所があり、その一画に神保理左衛門家の墓地がある。

平山家の墓所にある忠敬夫妻の墓　多古町の日本寺《にちほんじ》に隣接して、近年発見された忠敬・ミチ夫妻の墓がある。その左隣には長女の妙薫夫妻の墓もある。忠敬は平山家から入婿したので、平山家が建てた供養墓と考えられる。

九十九里漁港　片貝港とも呼ばれる。九十九里浜随一の漁港。

伊能忠敬記念公園（千葉県九十九里町）
九十九里町小関の忠敬の生家跡にはかつては徳富蘇峰筆の碑があるだけであったが、生誕250年を機に1996年に記念公園が整備され、新たに銅像も建てられた。

坂田池　横芝町坂田にあり、周囲は公園として整備されている。対岸の丘の上にかつて坂田城があり、神保氏は城代家老を務めていた。

伊能忠敬旧宅（全景）

九十九里町いわし博物館　九十九里浜はいわし漁の盛んな所だった。館内の展示は、江戸と密接な経済・文化の交流があったことを物語っている。

小堤《おんづみ》の神保理左衛門家　忠敬の父・神保貞恒《さだつね》が立てた分家。神保本家の近くに今も続いている。

佐原市諏訪公園の忠敬の銅像（大正6年建立）

伊能忠敬の銅像（佐原小学校）　右手に鉄鎖を持つ。

伊能忠敬旧宅の銅像　忠敬の銅像は佐原小学校にもあるが、この像は佐原小学校の銅像制作者である西氏によって1998年に寄贈されたものである。

伊能忠敬旧宅。（書斎と内部）

伊能忠敬の墓（佐原市牧野の観福寺）　観福寺の伊能三郎右衛門家の墓所の中にある。忠敬の遺体は遺言により東京下谷の源空寺に葬られたので、ここには遺髪などが納められた。右隣は妻のミチの墓。

伊能忠敬記念館（内部）　伊能測量に使用された各種の器材を復元し、伊能図の複製なども展示され、忠敬の業績をしのぶことができる。

伊能忠敬記念館　忠敬の旧宅から小野川をはさんで対岸にある。1998年5月に新伊能忠敬記念館として開館した。

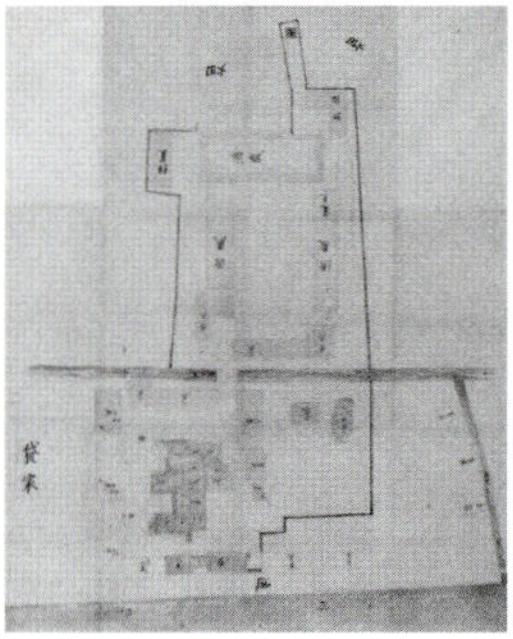

伊能家の旧敷地図　制作年代は不詳だが、伊能家最盛期頃のものと思われる。小野川と香取街道に囲まれた一画で、屋敷内に用水路が通じ、道路沿いに貸土蔵や貸家が並んでいた。（伊能家蔵・伊能忠敬記念館保管）

伊能三郎右衛門家の墓所　伊能家累代の墓が並ぶ。

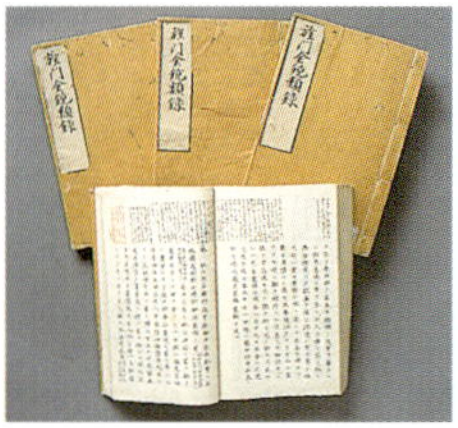

旌門金鏡類録　伊能家の事績を記した史料。忠敬の存命中から息子の景敬《かげたか》によって書き始められたという。全４巻。（伊能家蔵）

佐原の街並み　佐原市の小野川沿いの景観。柳越しにたたずむ店は正上という老舗の佃煮屋。昔は醤油の醸造などを営んでいた。

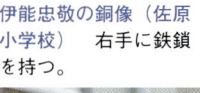

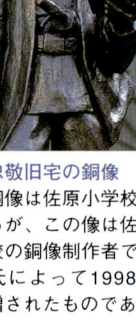

ためか、今も工業化の波に洗われておらずに昔からの町並みをとどめている。忠敬の旧宅は佐原市の所有となり、国の重要文化財に指定されている。最盛期の敷地図と比べるとかなり小さくはなっているが、主屋は当時からのものと言われる。

旧宅の前は小野川が流れ、「だし」と呼ばれる船付場があって、かつては商家が軒を並べていた。対岸には1998年に新しい伊能忠敬記念館が開館し、忠敬の事績を紹介している。

伊能忠敬隠宅跡の碑　出府した忠敬は富岡八幡宮に近い深川黒江町（江東区門前仲町）に住んだ。舟運の便がよく、品川や千住宿へは船で荷物を運ぶことができた。

楫取魚彦《かとりなひこ》の墓（佐原市牧野の観福寺）　伊能三郎右衛門家墓所に隣接する伊能茂左衛門家墓所の中にある。

江戸に出て高橋至時に師事

事業に成功した忠敬は49歳で隠居する。息子の景敬は28歳だったから当時として早すぎることはない。この後は、文学とか花鳥風月を友として優雅に暮らしてもよかった。ところが、江戸に出て天文・暦学を志し、19歳年下の幕府天文方・高橋至時《よしとき》に入門する。

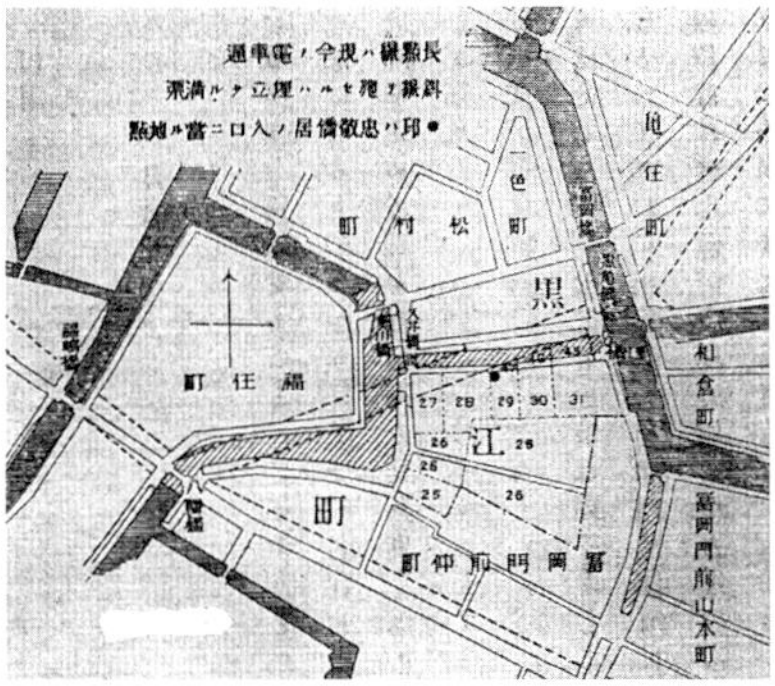

深川の隠宅位置図　大谷亮吉は隠宅の位置を、忠敬の黒江町・浅草間測量図を元に明治の東京図を使ってこのように推定した。現在の隠宅跡の碑の位置にあたる。（大谷亮吉『伊能忠敬』）

●江戸に出た理由

忠敬出府《しゅっぷ》の動機については、なぜ天文・暦学なのか、どこから高橋至時のことを知ったのかなどの疑問がある。これまで「吾等幼年より高名出世を好み候えども親の命にて佐原に養子に云々」というはるかに後年の手紙の一節をとらえて、名を残すために学問を始めたと言われてきた。天文・暦学を選んだ理由も、結果がはっきりしているために在野の知的人生を求める多くの人々が選択したからだと言われるが、定かではない。

確かに言えることは、伊能の一門には偉い先輩がいたことである。忠敬の4代前の伊能景利《かげとし》は、隠居後に佐原村の古記録を集め、150年前からの史料を「部冊帳」という記録集にまとめた。また、同族の伊能茂左衛門景《かげ》豊《とよ》はまたの名を楫取《かとりな》魚彦《ひこ》といい、隠居後に出府して賀茂《かもの》真淵《まぶち》門下の国学者として名を成し

戦前の尋常小学校の修身教科書　忠敬は偉人として勤勉とか師弟などの徳目の教材に使われた。

ている。

こういう先輩に囲まれた入婿の主人としては、負けないよう何かをしなければという気持ちがあってもおかしくはない。忠敬はもともと理系に関心が深かった。

文系の2人にたいし理系なら、数学から暦学・天文学に進むのは時の流れだった。ここで忠敬が高橋至時と巡り合ったのは第一の幸運であり、成功の第一歩だった。至時は大坂の玉造組の同心であったが、天文・暦学を当代随一の暦学者・麻田《あさだ》剛立《ごうりゅう》に学び、俊才と謳われていた。寛政の改暦のために、師匠の剛立の代わりに間《はざま》重富《しげとみ》とともに幕府から召し出され、旗本の天文方《てんもんがた》に抜擢された人物である。

改暦の作業に忙しい彼は弟子をとりたくなかったが、忠敬の懇請を拒みがたく弟子にしたと偉人伝は言う。しかし必ずしもそうとは言えないようである。亡くなった忠敬の3人目の妻お信《のぶ》の父の桑原隆朝《りゅうちょう》は仙台藩の江戸詰めの上級藩医で、幕閣の一人と強いつながりがあったのである。状況から見ると、天文方に新たに召し出された至時と忠敬を結びつけた気配は濃厚である。その後に桑原隆朝が忠敬へ尋常でない肩入れをしたのも、そう考えると納得がゆく。

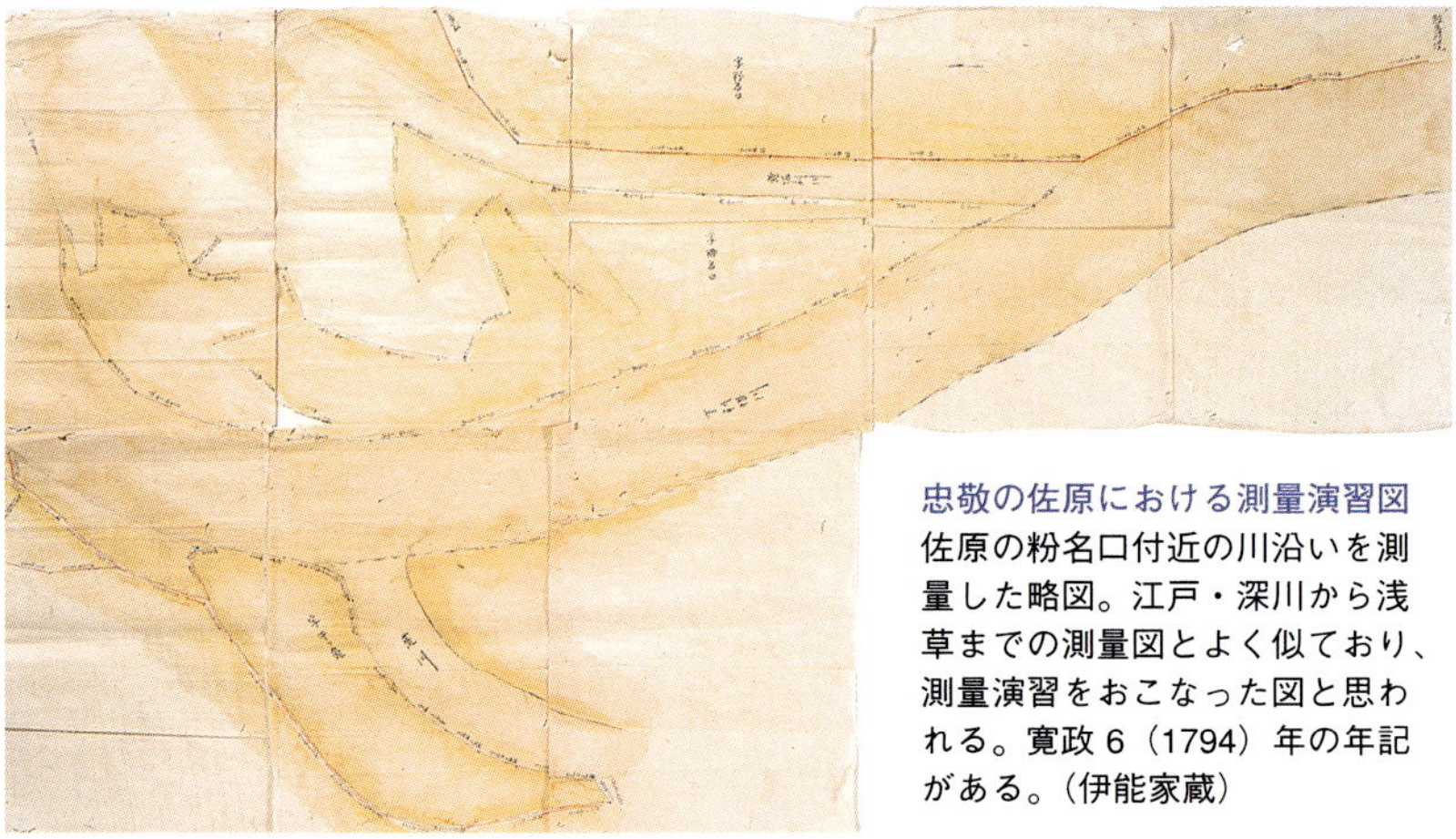

忠敬の佐原における測量演習図 佐原の粉名口付近の川沿いを測量した略図。江戸・深川から浅草までの測量図とよく似ており、測量演習をおこなった図と思われる。寛政6（1794）年の年記がある。（伊能家蔵）

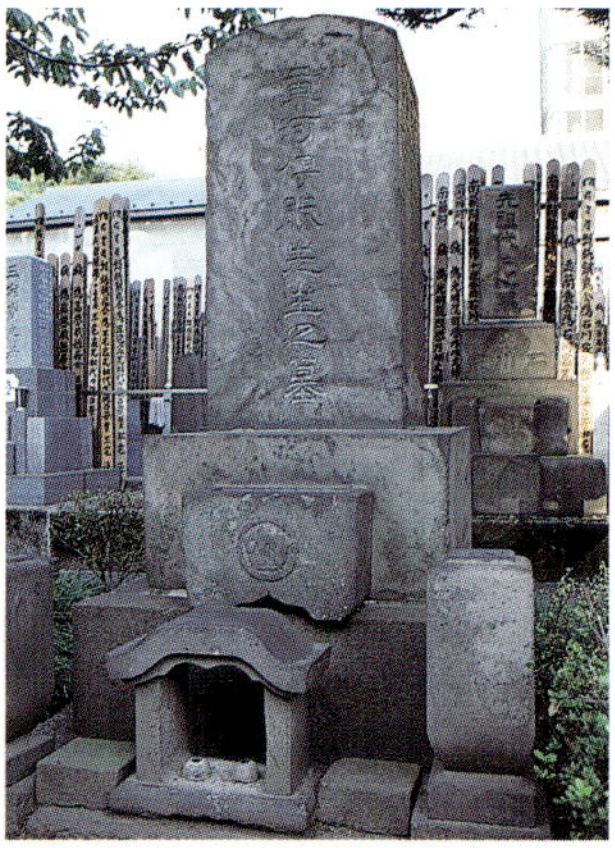

源空寺の忠敬墓碑 忠敬の遺言で師の高橋至時の墓の傍らに葬られた。費用は上司の高橋景保が出し、師よりも立派な墓が建てられた。碑文は親交のあった佐藤一斎の撰文である（台東区東上野6-18）。

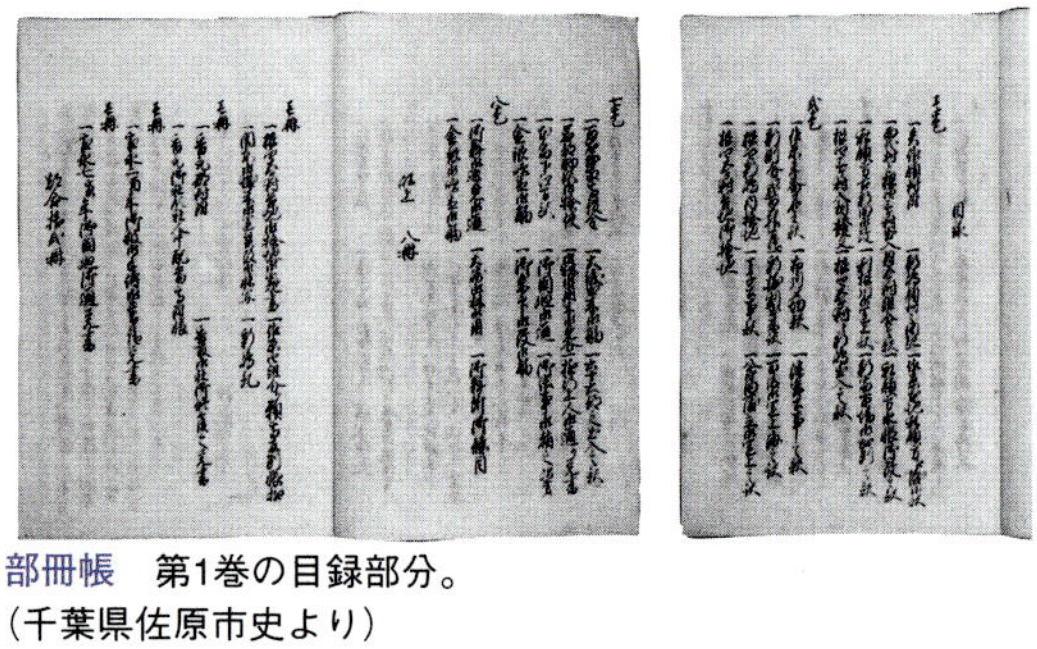

部冊帳 第1巻の目録部分。（千葉県佐原市史より）

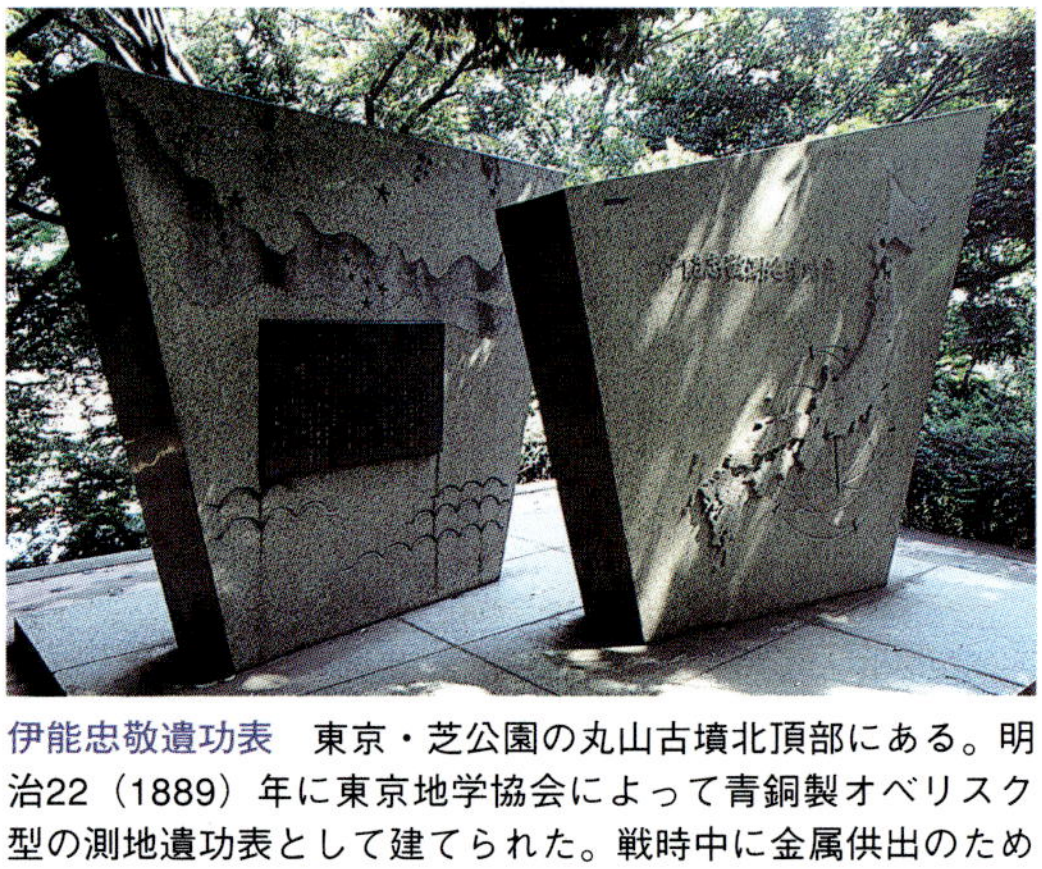

伊能忠敬遺功表 東京・芝公園の丸山古墳北頂部にある。明治22（1889）年に東京地学協会によって青銅製オベリスク型の測地遺功表として建てられた。戦時中に金属供出のため撤去されたが、1965年に再建された。花崗岩2枚からなる。

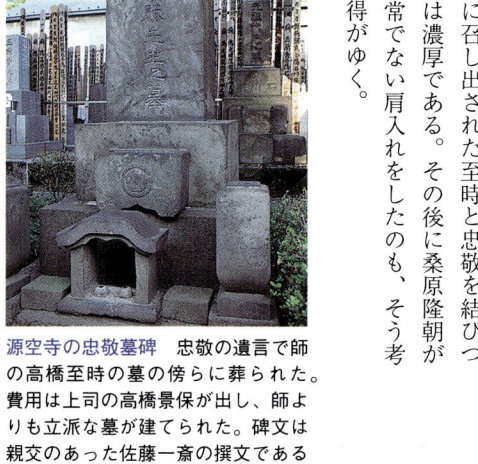

測量への契機

天文・暦学を学んでいた伊能忠敬は、なぜ日本全土の測量をすることになったのであろう。高橋至時のもとで学んでいた暦学から、どのような経過で測量へと変わっていったのであろうか。これまでの偉人伝では、佐原時代に村役人として、忠敬はすでに測量の技術を持っていたという。しかし、江戸東京博物館の「伊能忠敬展」（1998年）に出展された「黒江町・浅草測量図」という簡単な測量図を見ると、必ずしもそうではないと考えられる。

●地球の大きさを測る

至時に師事していた忠敬は、暦学上の解析のため地球の大きさが問題になっていることを知り、深川で地球の大きさを測ることを思いついた。当時は緯度1度の距離について定説はなかった。「浅草の暦局と深川黒江町の自宅との緯度の差は1分半、自宅を通る子午線上の緯度差に相当する距離を測れば、緯度1分の長さを決められるはずだ。それを、60倍×360倍＝2万1600倍すれば、地球

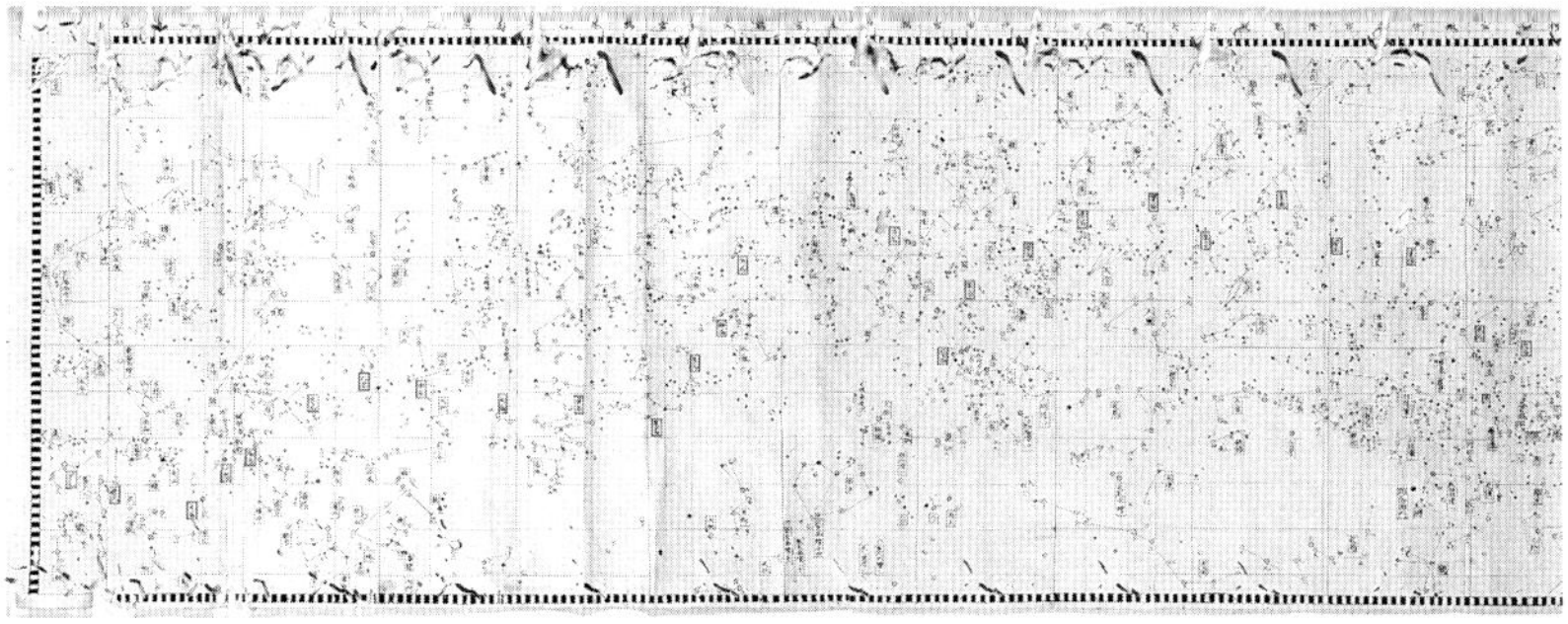

黄道十二宮星座図　忠敬が使ったと思われる横長の軸物の一部。（伊能家蔵）

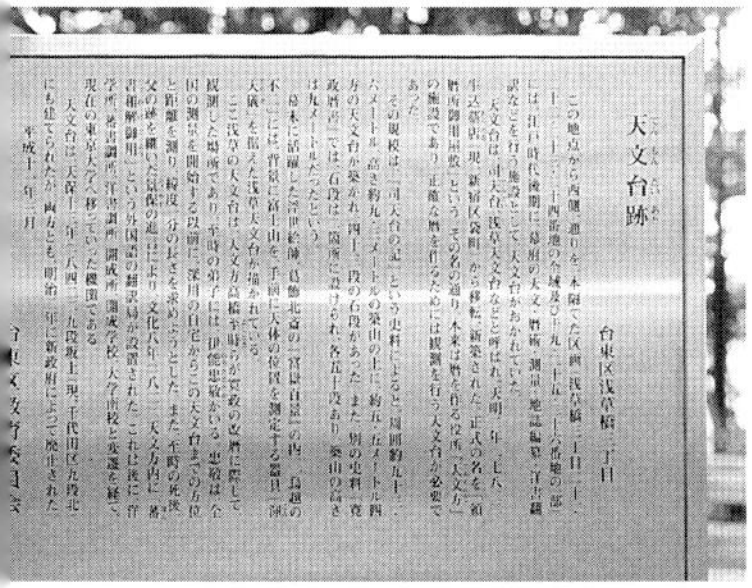

暦局跡　暦局跡には以前は何もなかったが、1999年3月に台東区教育委員会により説明板が建てられた。

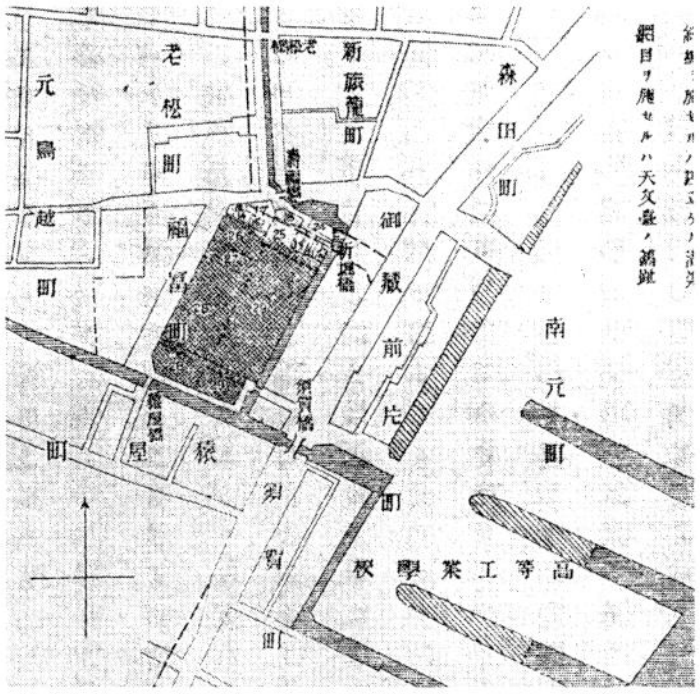

暦局《れききよく》の位置図　幕府天文方の役所を通称暦局と言った。暦の編纂が主な仕事だったからである。本図は明治の東京図で、暦局は網目がかかった位置にあった。現在で言うと、江戸通りをはさんだ蔵前公園の反対側にあたる。（大谷亮吉『伊能忠敬』）

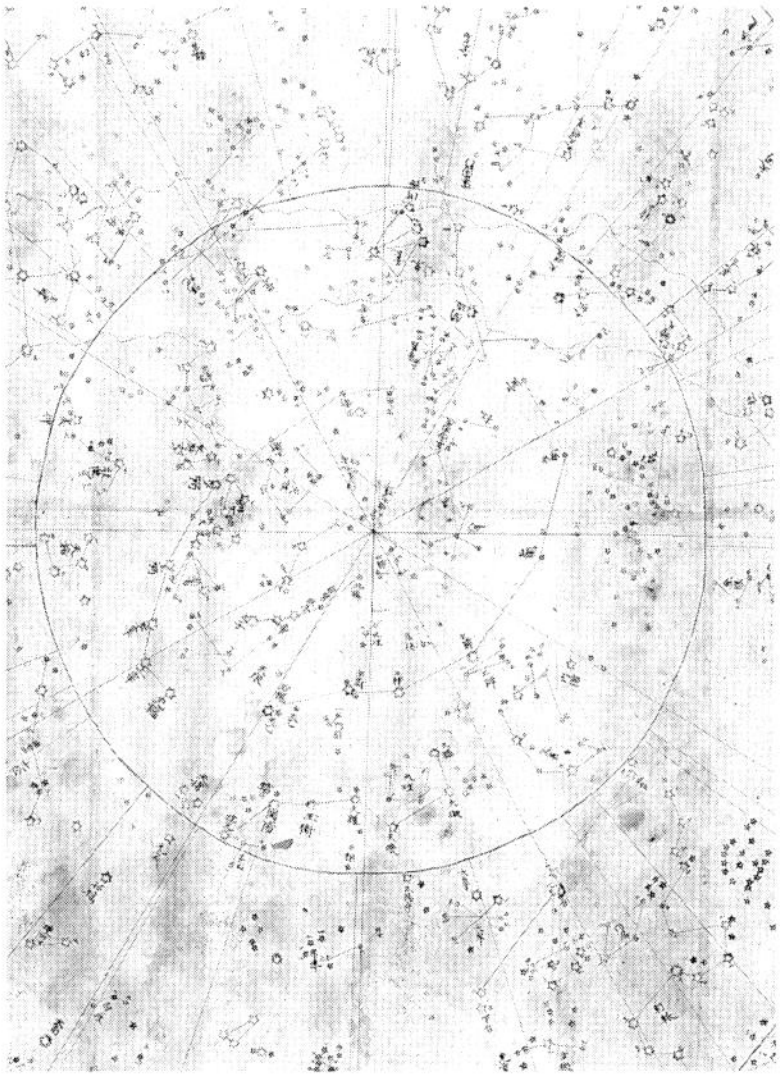

赤道北恒星図　拡大図。忠敬が具体的にどのように使ったかは分かっていない。（伊能家蔵）

の大きさが分かる」と考える。

持ち前の実行力で、すぐ具体的な作業にかかった。江戸の市中に縄を張ることなどはできなかったから、距離はほかの人に気づかれない歩測であったろう。街路の曲がり角は懐中用磁石で人目につかぬよう測られた。

黒江町・浅草測量図は、そのときに作られた地図である。これを現在の地図に置き直すと次頁の図のとおりである。いっぽう伊能家には、この図と同じような描図法で佐原村の利根川近くを測量した寛政6年制作の図（49頁参照）も残されている。黒江町・浅草測量図の制作時期は分かっていないが、図の描き方が類似しているので両図の制作時期はそれほど離れてはいないであろう。

●黒江町・浅草測量

忠敬の測量図には子午線上の距離は書いてないが、暦局と自宅間の直線距離は方位亥6分8厘、距離22町45間とある。忠敬の測地尺（30.3㎝）で換算すると、距離は２４８２ｍとなる。亥の6分8厘は北に対して３５０・４度にあたるから、子午線上の緯度1分の距離は、

$$2{,}482\times\cos 9.6^\circ/1.5=1631\text{m}$$

となる。

この試算について忠敬は、彼の著書『仏国暦象編斥妄』の中で述べている。暦学上の必

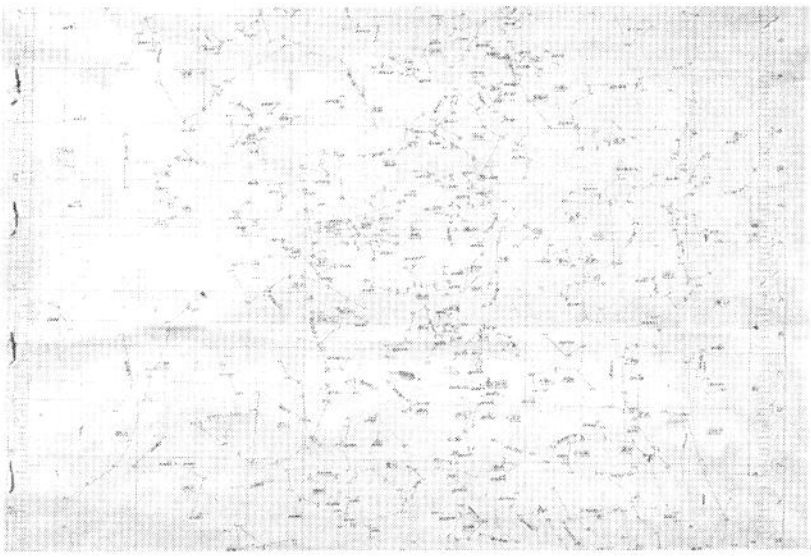
黄道十二宮星座図　忠敬のものと見られるもう一つの横長の軸物の一部。（伊能家蔵）

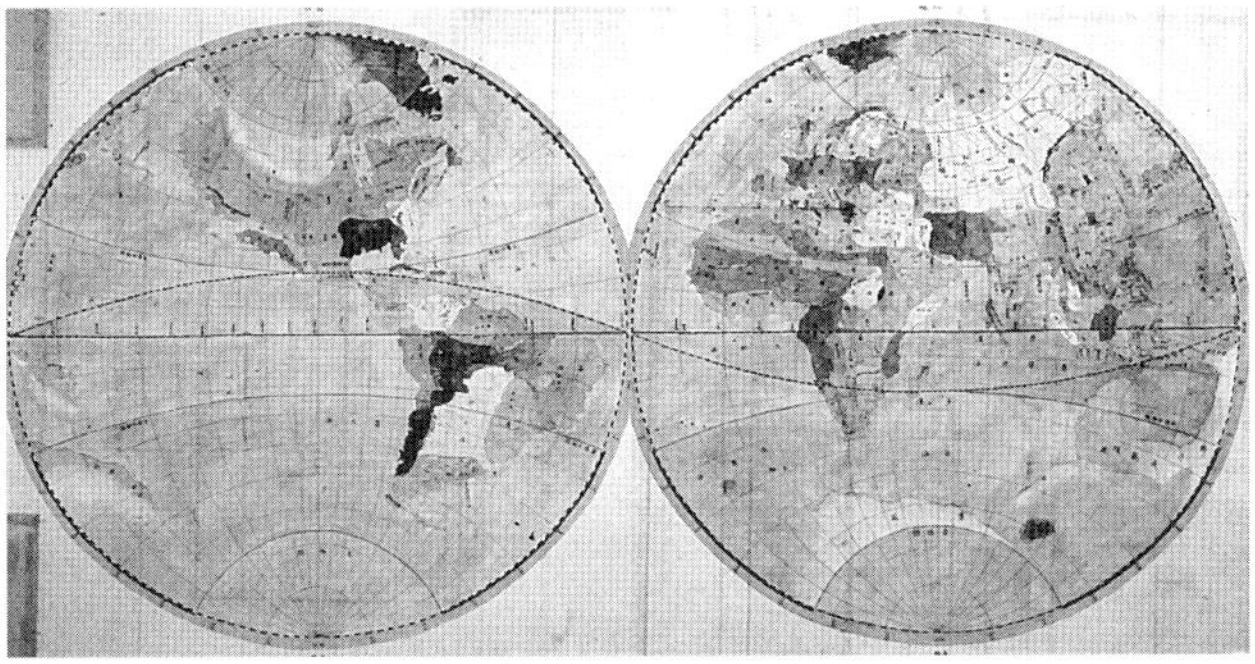
伊能忠敬作の地球図　忠敬の筆跡が含まれる手書きの世界図。手写の時期は江戸出府後で測量開始の前と推測される。原本は司馬江漢や林子平の刊行図ではないと見られる。（伊能家蔵）

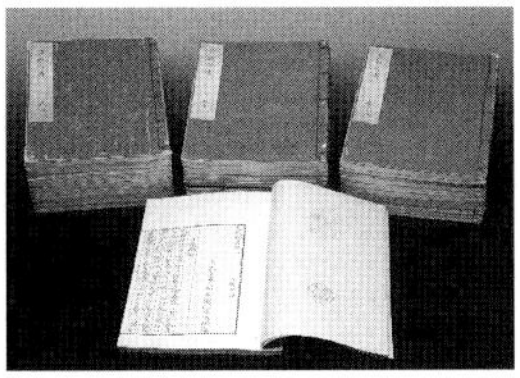
寛政暦書　寛政暦法の暦法や器具の解説をする。高橋至時の次男・渋川景佑らが作成した。弘化元（1844）年、全35巻。（国立天文台蔵・立木寛彦撮影）

ラランデ暦書　フランスの天文学者ラランデ（1732-1807年）の著書をオランダ人ストラッペが翻訳した。当時の世界最高水準の天文書。（国立天文台蔵・立木寛彦撮影）

要から測定をして師匠に提出したところ、「至時から「そんな短い距離でやってみても誤差が大きくて駄目だ。しかしもっと長い距離で行えば使えるかもしれない。考えてみよう」と言われ、蝦夷《えぞ》地測量の計画が練られ始めたという。

高橋らは当時、地球が球体であることは分かっていたが、大きさは分からなかったという。理科年表では35度付近の緯度1分の距離は１８４９・２ｍである。忠敬の測定値１６３１ｍは約11.8％の誤差であるから、データとしては問題外である。後年、第２回測量後に忠敬が算定した1度の距離28.2里は、1分に直すと１８４５・６３ｍであり、誤差は0.2％にとどまっている。その著しい精度の向上に驚かされる。

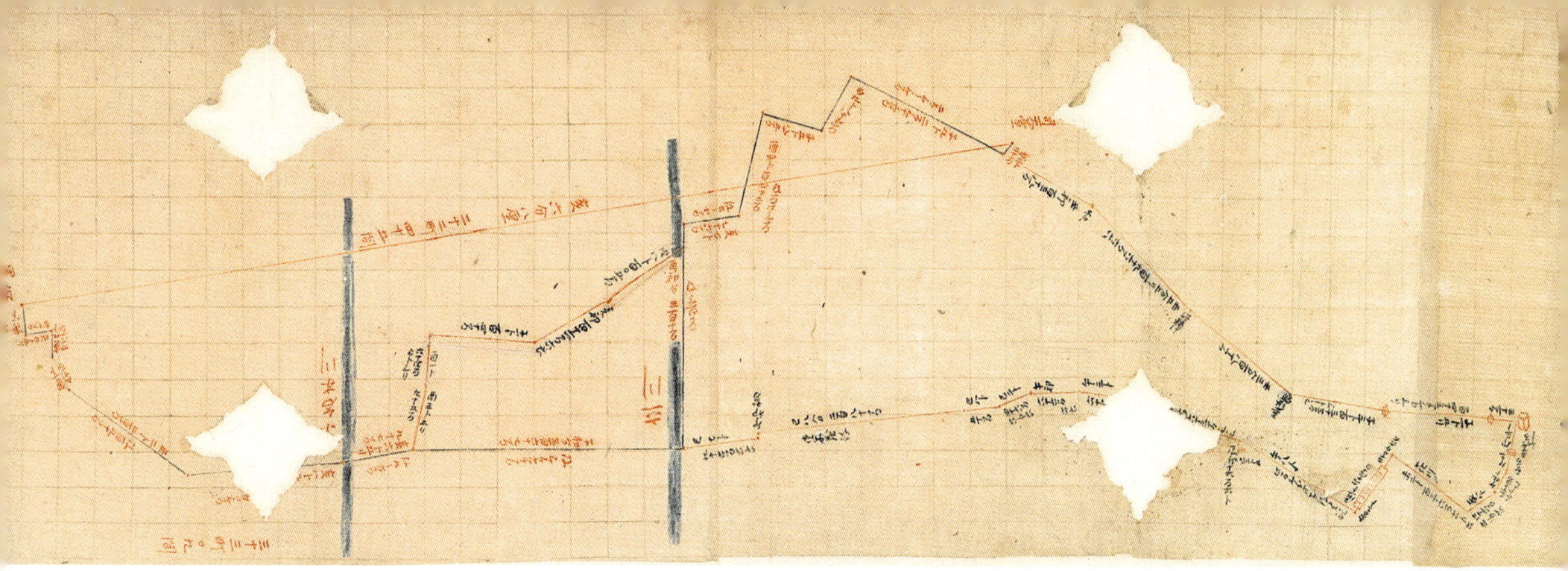

黒江町・浅草測量図
忠敬自筆。(伊能家蔵)

黒江町・浅草測量図の検証　隠宅から浅草までの道筋を忠敬の測量図に記されている距離通りに復元し、現在の同じ道筋を測りなおして作成した地図と比較した。忠敬の書き込んだデータを23.2%大きくすると、ほぼ合致する。(永野達代氏の調査)不符合の理由は不明だが、鯨尺を使ったとするとほぼ合致する。

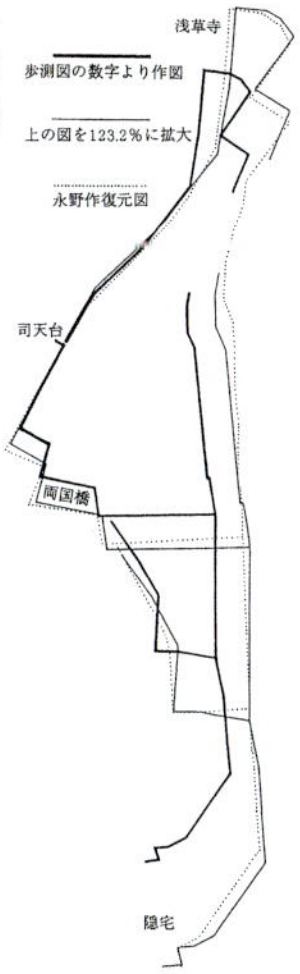

C O L U M N

伊能測量と歩測

伊能忠敬のことを書いた文章では、忠敬が日本中を歩測で測ったと書いてあることが多いが、これは誤解である。忠敬が歩測で測ったのは第1次測量だけである。第2次測量からは徹底して間縄を張って測っている。

ちなみに、忠敬の歩幅は69㎝であった。着物の丈から見て、身長は160㎝くらいと推測されているから、歩幅はわりと狭いほうであった。しかし地面に69㎝間隔の足形を描いて足を置いてみると、大股すぎるように感じる。連続して歩いていると、加速度がついて歩幅は広がるのである。100mを普通の歩幅で歩いて計算してみるとよい。普通の成人男子なら75㎝くらいはある。

忠敬の歩幅を69㎝とする根拠は、佐久間達夫氏によると次のとおりである。伊能忠敬記念館の重要文化財史料の中に「雑録」という史料があるが、暦局から千住までの距離としてこのような数字がある。

木車　1里12町51間(享和2年測量)
歩間　1里15町56間(寛政12年測量)
　　　1町に158歩
銅車　1里15町58間(享和元年測量)

ここに出てくる1町に158歩は、忠敬の歩数であるという。忠敬の量地尺では1尺を30・303㎝としているから、1間を6尺、1町を60間とすると、1歩は69㎝となる。

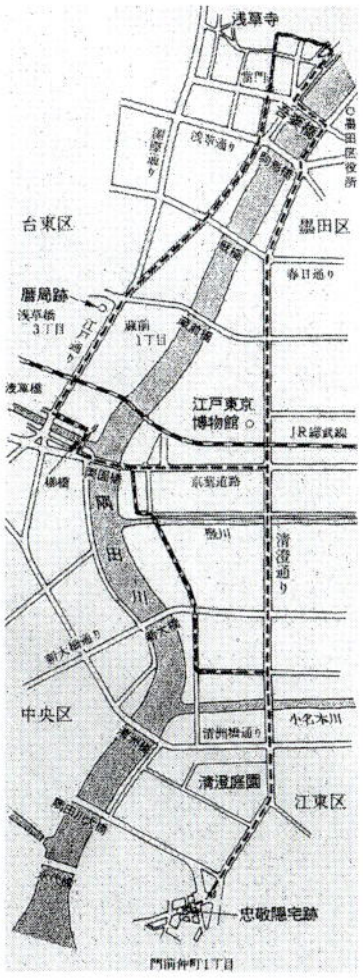

黒江町・浅草の現在の道筋
「歴史読本」1998年3月号(新人物往来社)より。

第5章

日本全国の測量（東日本編）

第1次測量――蝦夷地への歩測の旅

●江戸を出発

さまざまな経緯の後に測量作業が始まったが、師匠の高橋至時《よしとき》は全面的に忠敬を信用していたわけではなかった。なにしろ高齢であり、熱意だけでどこまでできるかを注目していた。ところが忠敬はあきれるばかりの熱心さで、蝦夷地の根室近くのニシベツまで歩き、往復3200㎞の道を歩測により180日かかって測量した。また、各地で恒星の高度を測り、深川の自宅で観測した恒星表と比較して緯度を求めた。

第1次測量の出発は、寛政12年閏4月19日(西暦1800年6月11日)の朝五つ前(5時頃)であった。内弟子3人と従者2人を連れ、まず富岡八幡宮に参拝してから浅草の暦局に向かう。暦局の高橋役所に寄って一同御《お》神酒《みき》を頂戴し、奥州街道を千住宿まで進んで、ここから測量を開始する。

●測量行程

距離は歩測で測られた。緯度1度の距離を測定するのに、歩測とはあまりにも大雑把な感じであるが、幕府との折衝に時間がかかって出発が遅れ、蝦夷地が寒くならないうちにと大変急いでいた。それは至時とも相談のうえだった。千住から津軽半島の最先端三厩《みんまや》まで奥州街道を21日で歩いている。1日40㎞を口をきかずに黙々と歩数を数える作業を想像していただきたい。

第1次測量の命令書　御徒《おかち》目付《めつけ》から伝達された文書で、1日あたり銀7匁《もんめ》5分を支給することが書かれてある。(伊能家蔵)

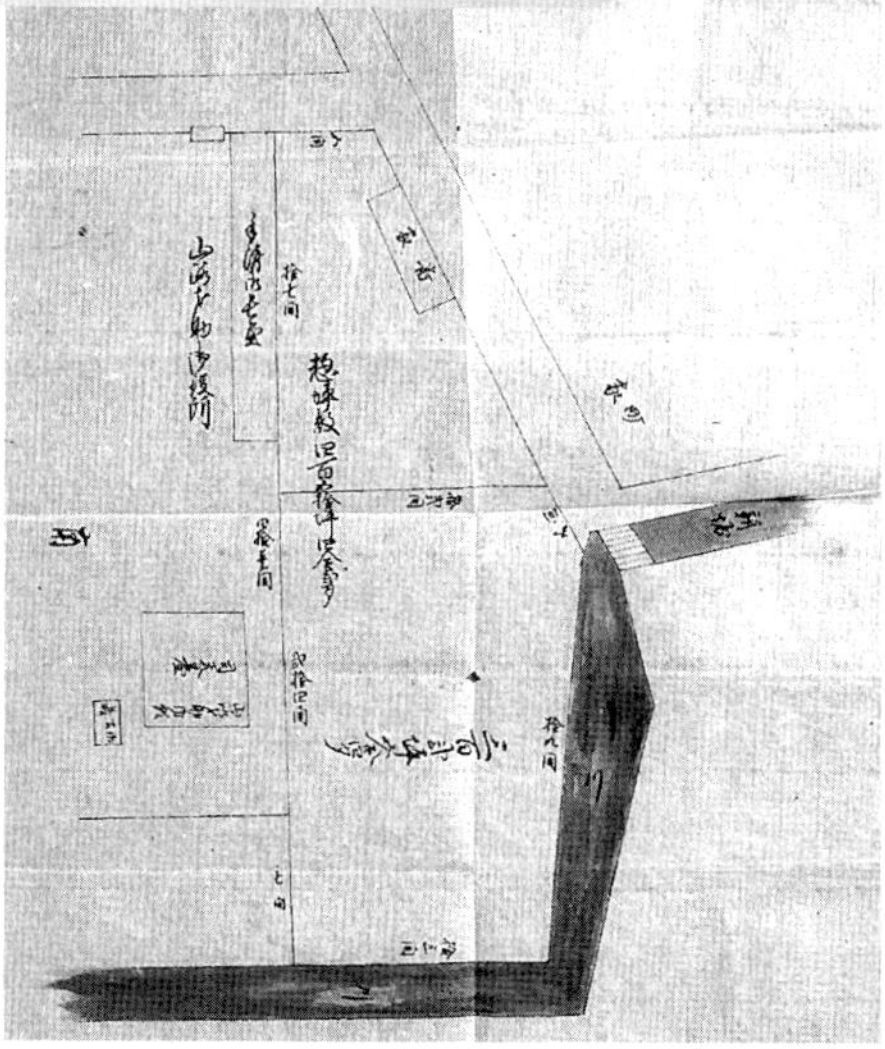

天文方の役宅(山路役所)　天文方は山路、渋川、吉田、高橋その他の各家があり、それぞれが御用屋敷の中に役所兼自宅を構えていた。高橋役所の規模と構造は、この敷地図から想像できる。山路役所は敷地約460坪、手付の者の長屋があり、司天台も預かっていた。(伊能家蔵)

富岡八幡宮　深川の忠敬の隠宅から約400m。測量に出発する途中、内弟子と従者を従えて必ず参拝した。超合理主義者の忠敬も、完璧な準備にもかかわらず起こりうる不測の事態を避けるには、神に祈るしかなかったのだろう。

寛政12年の伊能図

第1次蝦夷地測量で作られた寛政12（1800）年の地図は、大図と小図だけである。大図は蝦夷地10枚と奥州街道11枚に、小図は全体を1枚にまとめられた。

●蝦夷地測量の小図

伊能忠敬記念館にある小図を見ると、測量した蝦夷地の東南岸と奥州街道しか描かれておらず、地図とは言えないような単調さである。

蝦夷地東南岸は海岸沿いの朱の測線の近くに少しばかり地勢を描いて彩色しているが、

西別川の河口付近　伊能測量線の最北端。西別川は北海道根室半島の北側に流れ込む。測量当時はニシベツと呼んだが、現在は別海町の本別海。

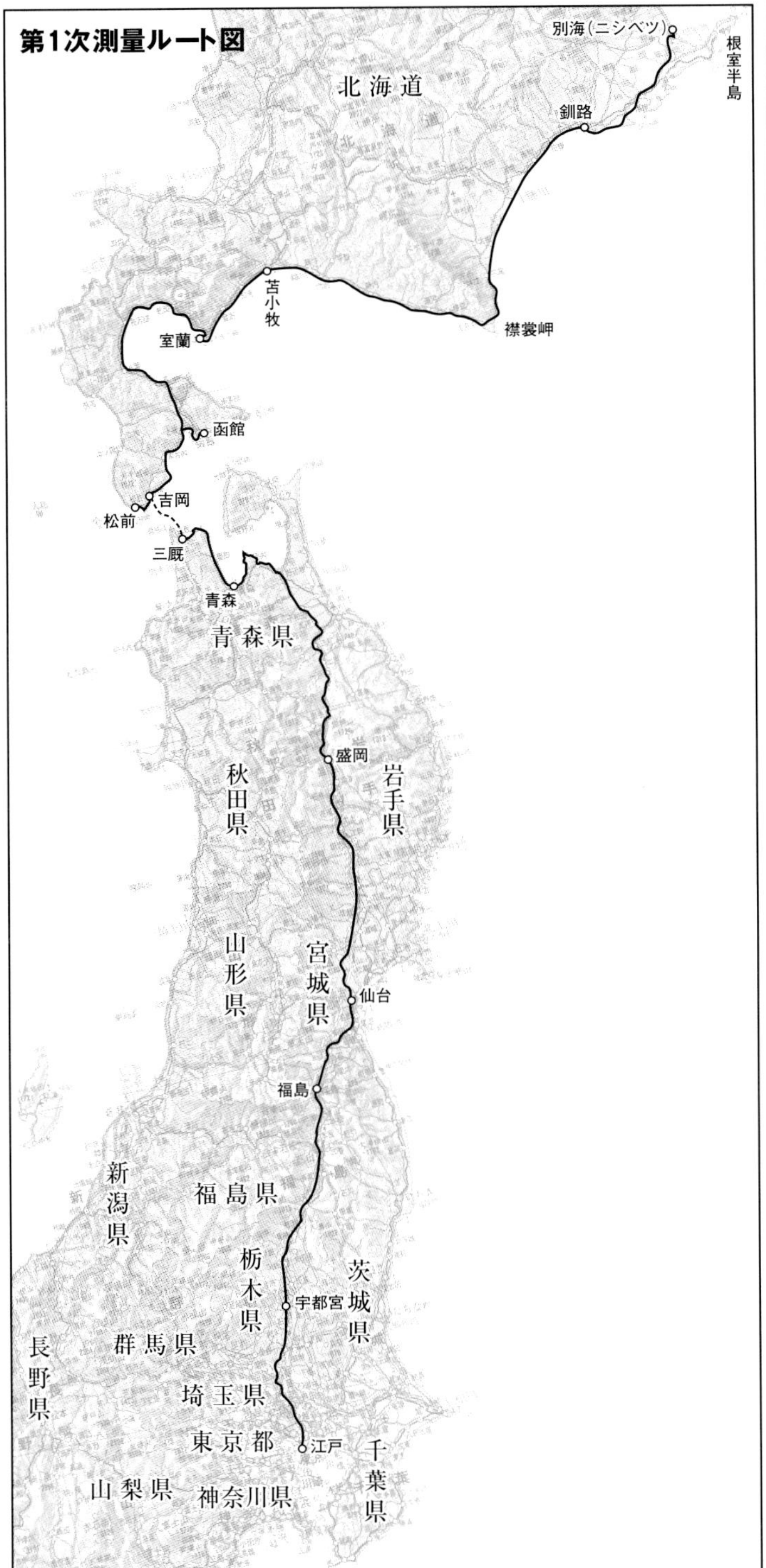

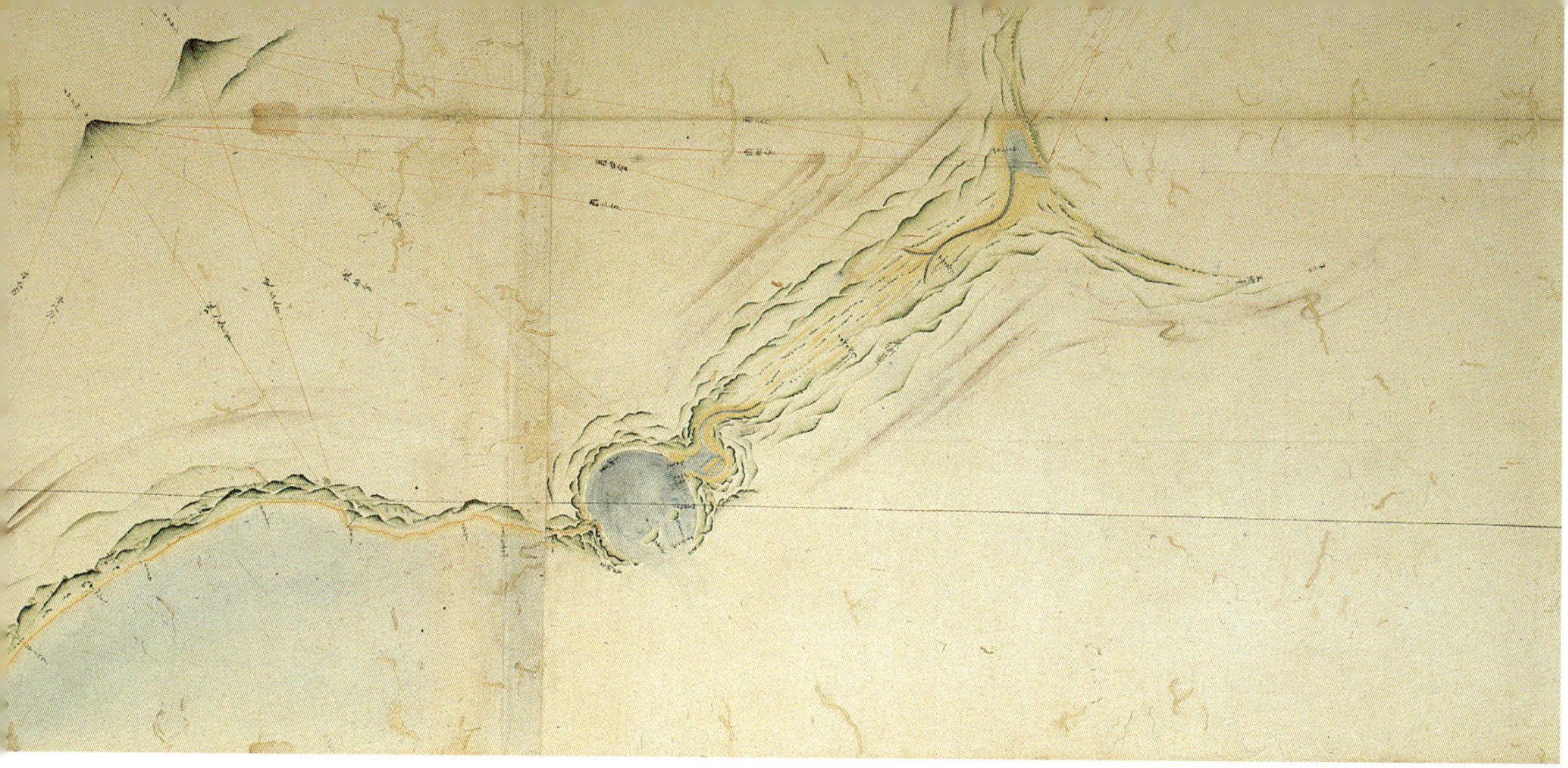

享和元(1801)年・伊能中図（部分）　伊能測量の最北端であるニシベツが描かれている。標題は大日本天文測量分間絵図。（早稲田大学図書館蔵）

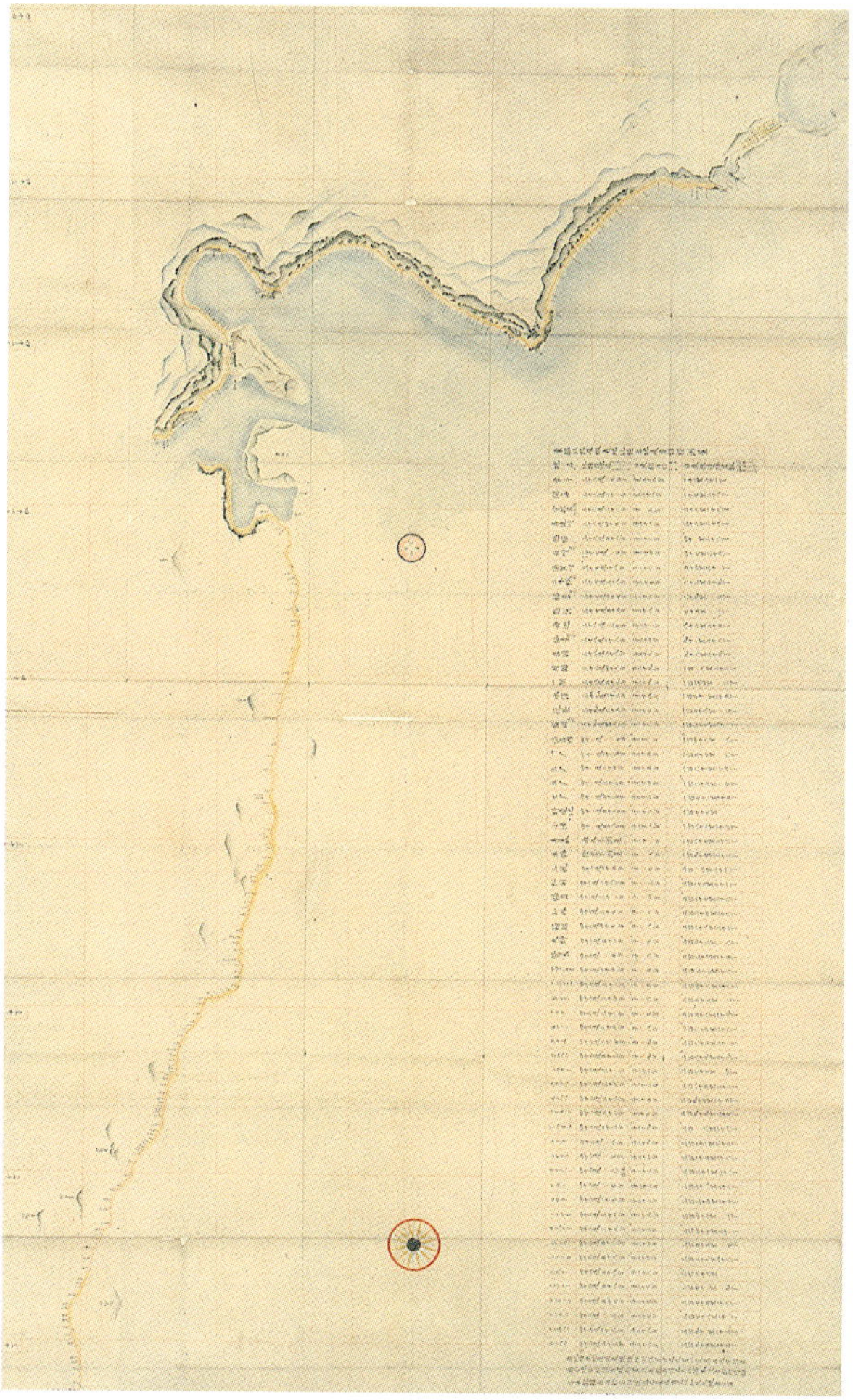

寛政12年版・伊能小図全図　（国指定重文・伊能忠敬記念館蔵）

奥州街道はほとんど一本の線で、今の地図と比較すると何の変哲もない図である。奥州街道の測線沿いに地名、宿場には○印、城下は□が描かれた。

しかし、蝦夷地東南岸の形は現在の地形とほぼ同じようにしっかりと描かれている。測量途中で難航した襟裳《えりも》岬は、測線の外側に絵を描いて不測量と書かれている。経線と緯線があって、経線は江戸・深川を0度としている。また、小図の余白には表があって、江戸からの距離、北極出地度（緯度）、江戸からの方位を記している。

寛政12年小図の所在は、伊能忠敬記念館（副本）、東京国立博物館（副本・浅草文庫旧蔵）、国立歴史民俗博物館（制作当時の写本）のみであったが、最近、大阪の開平小学校（愛日教育会所有）にも写本があることが確認された。

●蝦夷地測量の大図

大図については、東京国立博物館に蝦夷地の分のみ9図残っている。浅草文庫の旧蔵品で質のよい図であるが傷みは激しい。また、内閣文庫には「松前距蝦夷行程測量分図」と題する、大図の写しと思われる蝦夷図10舗が蔵されている。

●地図の反響

これらの地図を見た高橋至時と幕府要路の人たちは、感心した。当時は実測地図の必要は日常生活にはなかったが、測らなかった場所は不測と書かれるほど実測にこだわった地図を見て、当時の絵図とは異なる何ものかを感じとったのであろう。今後はこれだ、と感じたのかもしれない。老中の松平伊豆守信明はこの地図を評価して、関東一円も測量できるだろう、何年かかったら日本全土ができるだろうか、と言ったという。

高橋至時は間重富への書簡の中で、自分がすべて指示してやらせたのであるが、蝦夷地まで律儀に歩数を数えている、地図は思った以上のよい仕上がりだったと激賞している。

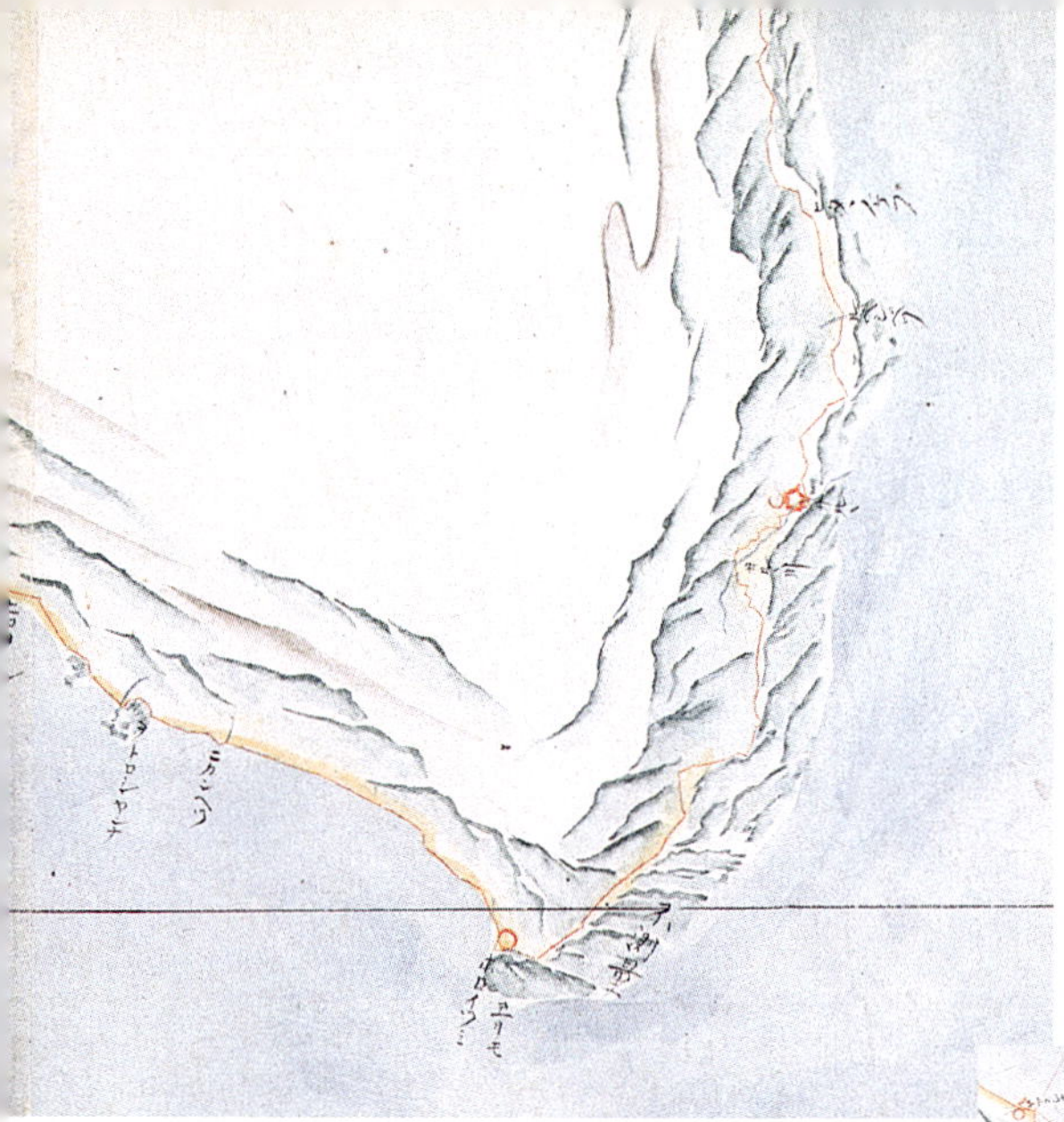

寛政12年版・伊能小図
部分・襟裳岬付近
（東京国立博物館蔵）

寛政12年版・伊能小図　部分・函館付近（東京国立博物館蔵）

松前距蝦夷行程測量分図（函館付近）
この図は区割りは合わないが、寛政12年の大図を幕末に写したものと推測される。測線は函館山に登っている。大沼・小沼の南には、間宮林蔵と最初に出会った一の渡村が見える。（国立公文書館・内閣文庫蔵）

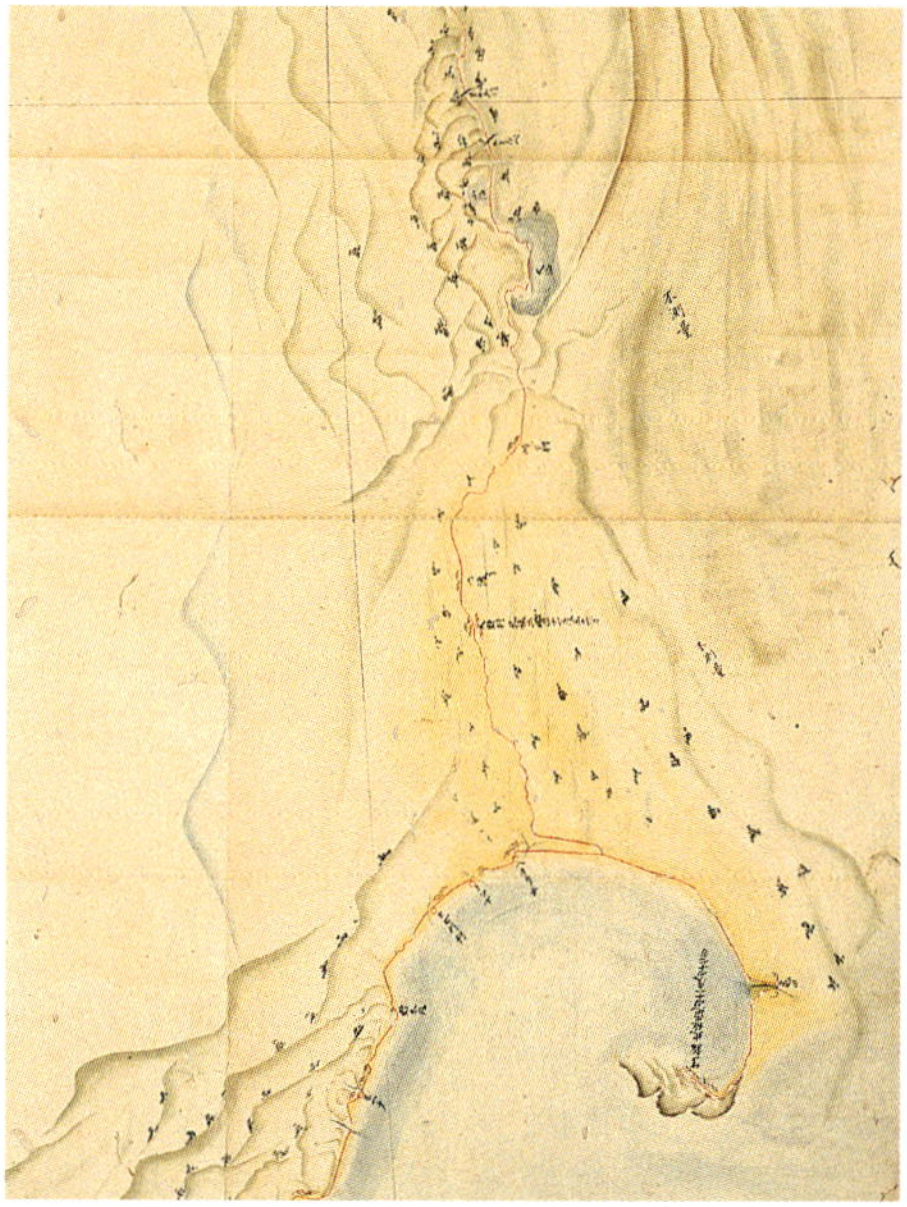

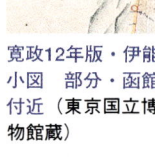

第2次測量——本州東岸への旅

第1次測量で実績を認められた伊能隊の待遇は少しだけ昇格した。前回の旅行で忠敬は、自分の「先触れ」に幕府・勘定奉行の部下の勘定衆(旗本)からもらった「添え触れ」の写しをつけて、宿泊と運搬用人馬の提供を求めていた。今回は勘定奉行から直接、幕府代官経由で沿道に対して先触れが出された。手当も第1次測量の1日銀7.5匁《もんめ》から10匁に昇格した。

先触れには「この触れは昼夜を限らず急いで継ぎ送り、請書を添えて最終の村から最寄りの幕府代官に返せ」と書かれていた。受け取った村は、昼夜を限らず深夜でも内容を写しとり、お請けする旨を記入して、ただちに次の村に送らなければならない。非常に強い指示である。お金よりもこの通達の威力のほうが大きかった。この命令により、村々では村役人が村境まで出迎えて案内をした。

第2次測量ルート図

第1次測量の後、実績を買われた忠敬は、本州東岸の三浦半島や伊豆半島の沿岸から房総、常陸、仙台、三陸、下北半島までの沿岸測量を命じられる。享和元(1801)年4月2日に深川の自宅を出発。富岡八幡宮に参拝した後、東京湾岸を西へ向かう。三浦半島を一周、湘南海岸から小田原と熱海を経て、伊豆半島東岸を下田へ進む。さらに、伊豆半島西岸を北上して沼津に出て東海道を東に戻り、いったん江戸に帰る。
6月19日に江戸を再出発、今度は東京湾を東に向かい、房総半島沿岸を一周してから鹿島灘を北上する。磐城、松島、金華山、三陸沿岸を測り、釜石、宮古を経て尻屋崎に進み、下北半島を一周して野辺地に至る。その後、青森を経て11月3日に三厩に到達した。帰路は、奥州街道を再測量しながら、12月7日に江戸に帰着した。

●精度を上げた実測

第2次測量の特徴をあげると、距離は歩測ではなく間縄《けんなわ》を張って実測したこと、緯度1度の距離を28.2里と算定したことである。また、海岸線に凹凸が多かった点もあげられよう。測量の結果、本州東海岸の沿岸の形状が明らかになった。幕府にとっては貴重な情報だったはずである。実測図を初めて見て、衝撃を受けたとも考えられる。

縄を引くことにすると、徹底して縄を張って実測された。伊豆半島の沿岸は崖が海まで迫っているところが多いが、そういう地域ではなるべく海岸に近い道路が測られた。絶壁の海岸で近くに道がないときは、かなり無理をして海岸沿いに縄を引いたという。「いかなる難所にても、海辺御通りなされ候」という記録（第3次測量の際の岩船町の文書）が残っている。もし、このような場所で浦方の協力が得られれば、海中に縄を張った。伊豆半島、松島海岸から三陸に多くの例がある。

6月6日、いったん江戸に帰って房総半島以北の測量の準備をする。6月19日、江戸を発って房総半島の沿岸測量を始める。29日、館山湾に面する富浦の西方寺に宿泊。館山湾は伊能図にとってゆかりの深い場所である。

●伊能図と英国測量艦隊

幕末（1861年）にアクティオン号ほか3隻の英国測量艦隊が来航し、許可を得て日本近海の測量をした際に、東京湾周辺では館山湾を基地としていた。摩擦を避けるため幕府は連絡士官を乗組ませ、日の丸の旗を掲げて航行させていたが、乗組み士官は山や岬や地名などを聞かれても当然ながら答えられなかった。そこで、幕府軍艦方（海軍）にある伊能図の借り出しを申請した。

一刻も早い作業終了を願っていた幕府は、すぐ承知する。伊能小図3枚は横浜から押送船《おしよくりぶね》に乗せられ、徹夜で東京湾を横切って、館山湾にいた旗艦アクティオン乗組みの外国奉行下役・荒木済三郎に届けられた。1日か2日後に、司令のワード中佐がこの伊能図を見る。彼は自身の測量結果と照合して、沿岸測量が行き届いていることを理解する。翌早

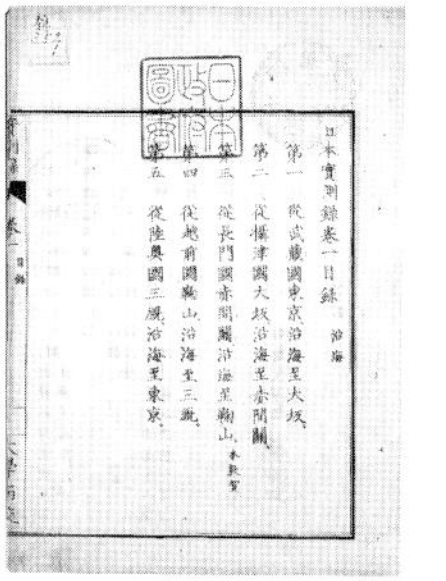

大日本沿海実測録
文政4（1821）年、最終版伊能図の上呈とともに提出された実測記録の木版本。全14冊。（伊能忠敬記念館蔵）

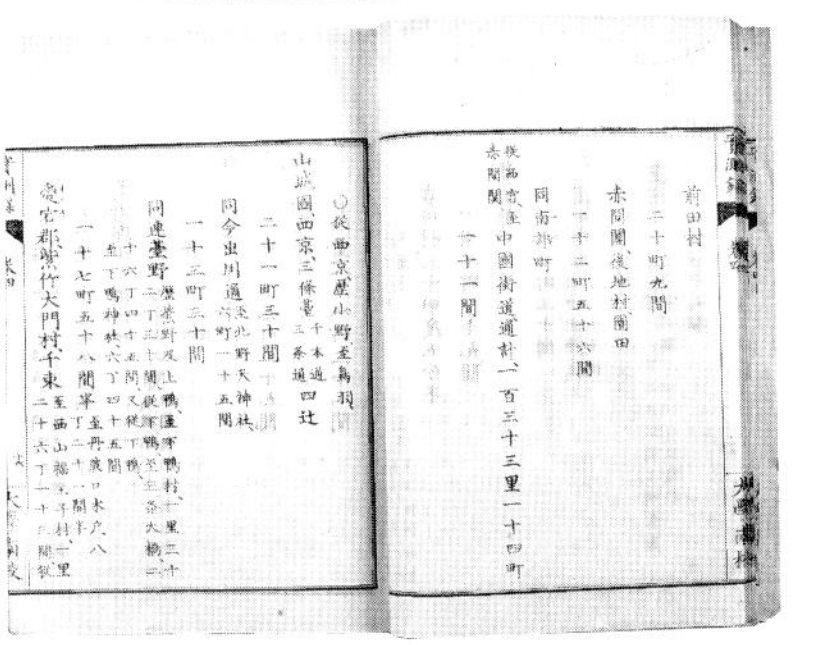

伊能忠敬先生日記（自筆）全51冊　名主を勤役した際、記録の重要性を痛感した忠敬は、測量中と江戸滞在中に毎日の日記を書き続けていた。測量現場で書かれたこれらの日記から、後に測量日記28冊に清書された。（国指定重文・伊能忠敬記念館蔵）

朝すぐに行動を起こし、自ら横浜の公使オールコックのもとに出かけて伊能図の譲り受け交渉を依頼した。

老中・安藤対馬守《つしまのかみ》は一日も早い英艦の退去を願って伊能小図を引き渡した。外国奉行・川路《かわじ》聖謨《としあきら》らが関与した。かくて、英国側は沿岸測量の手数が大幅に省略され、航路上の水深や岩礁などを測量して引き揚げた。測量をやめて帰ったという説は正しくなく、誇張である。

渡された小図は今も英国海軍水路部に所有され、グリニッジ国立海事博物館に保管されている。1998年の江戸東京博物館「伊能忠敬展」に137年ぶりに一時里帰りした。

大日本天文測量分間絵図（江戸湾付近）　後年の伊能図と比べるとかなり簡略で、地図合印はない。郡界は文字で表現され、よほどでない限り、海岸の測線の外側には風景を描いていない。経線は１本だけ深川を通して引かれている。しかしながらこの図は伊能図の原型であって、これにより忠敬は階段を一段上ったのである。（早稲田大学図書館蔵）

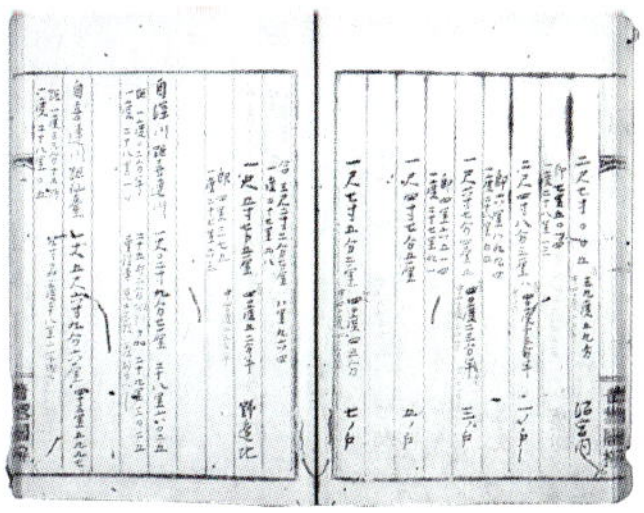

雑録にある緯度１度の試算（自筆）　沼宮内、一戸、三戸、五戸、野辺地付近、および深川から喜連川、喜連川から仙台などの緯度の差と距離差から、それぞれ緯度1度の距離を求めている。（国指定重文・伊能忠敬記念館蔵）

英国小図（本州東部・部分）　最終版伊能小図の江戸周辺拡大。英国の測量艦隊は館山を基地として、江戸湾の入口付近を執拗に測っていた。鉛筆の方眼線は英国海軍によって書き込まれたもので、伊能小図を自国の海図に引き写すために使われたという。（英国グリニッジ国立海事博物館蔵）

大房岬《だいぶさ》より館山湾を望む
英国測量艦隊が基地とした館山湾は、天然の良港だった。湾の北側に突き出している大房岬には、幕府役人の付添いで英国艦から測量士官が上陸し、天測をおこなった。（富浦町役場提供）

最終版伊能小図（本州東部）　幕末に測量に来た英国測量艦隊に、館山湾で引き渡された幕府軍艦方旧蔵の写本。本州西南部と蝦夷を合わせて計3枚組。丁寧な仕上げだが、東京都立中央図書館蔵の小図とは別系統の図である。天測地点の☆印がなく、主要地名にはローマ字の書き込みがある。（英国グリニッジ国立海事博物館蔵）

大日本天文測量分間絵図（享和元（1801）年・中図）上下図　奥州南部と関東（下）、および蝦夷地と奥州北部（上）の2枚からなる。第2次測量の後で制作された中図。大図と小図は発見されていないので、この図は第2次測量唯一の現存図である（針穴本）。この地図が評価されて伊能測量は幕府の公用扱いとなり、旅行中は器具の運搬や旅行用人馬などを無賃で利用できるようになった。本州東岸がよく描かれている。（早稲田大学図書館蔵）

大日本天文測量分間絵図（下北半島周辺）　第2次測量の測量結果がよく盛り込まれ、海を越えて主要な目標に方位線が延びている。（早稲田大学図書館蔵）

●享和元（1801）年の伊能図

第2次測量では、当時最も関心が高かった伊豆から関東までと奥州沿岸を測量し、蝦夷地も含めて地図を作ることになっていた。第2次測量で作製された伊能図は、大谷亮吉によると、大図32枚と小図1枚というが、副本や写本の現存は確認できていない。高橋至時が記した小図凡例の草稿だけが伊能家に現存している。草稿では大図10枚と小図1枚で、小図は蝦夷地も含むとある。

中図は、伊能忠敬記念館と早稲田大学図書館に所蔵されている。早稲田大学の中図は2

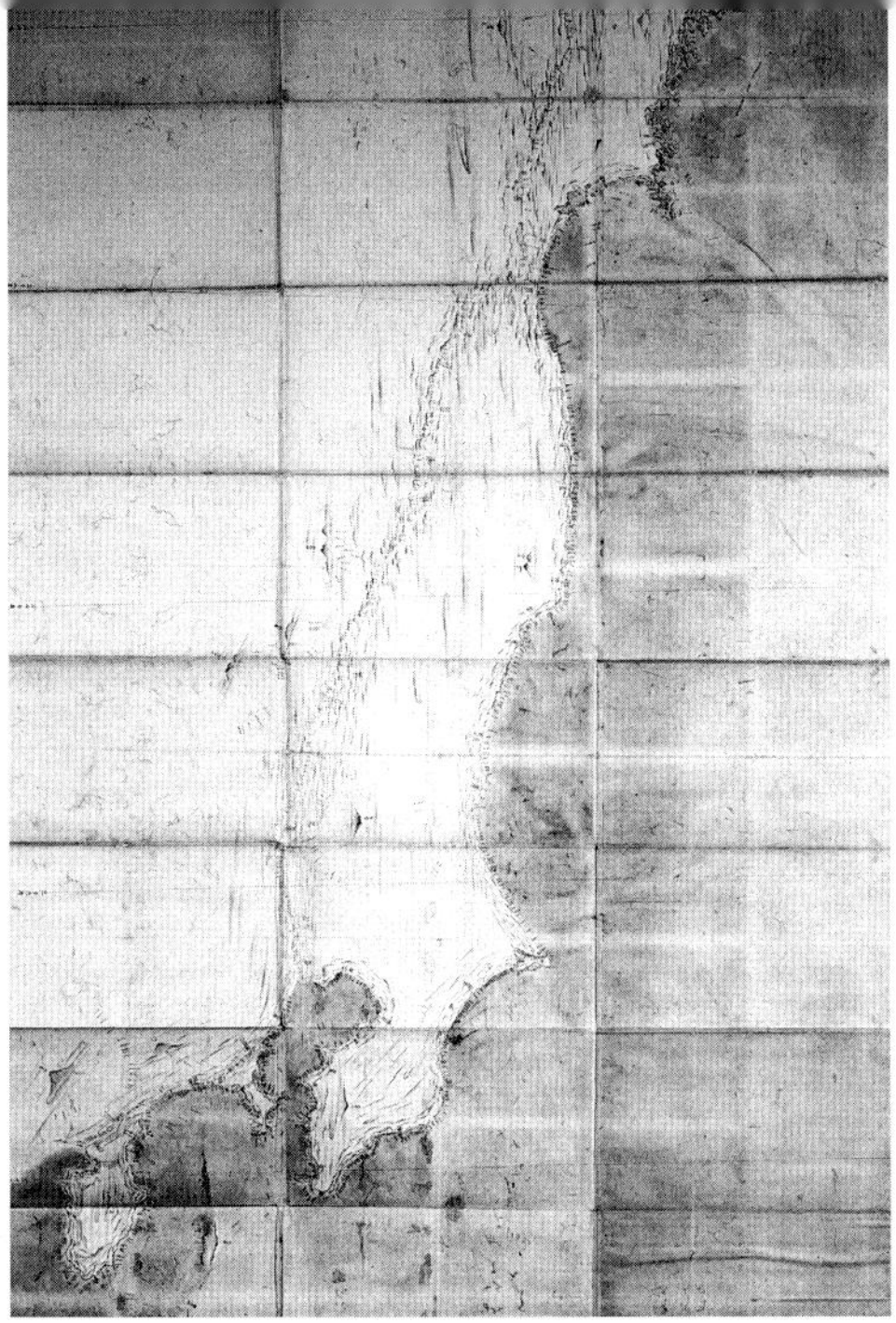

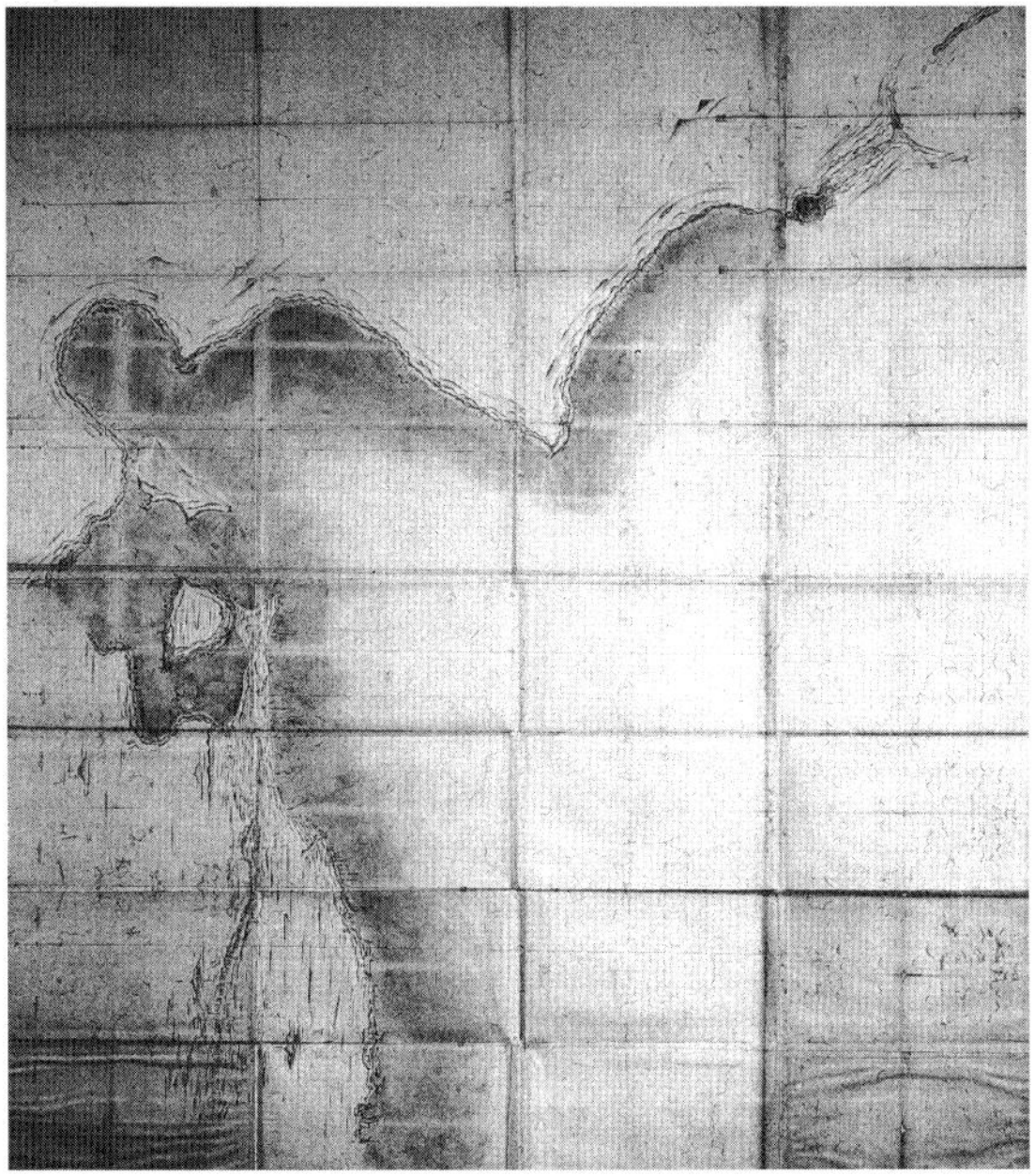

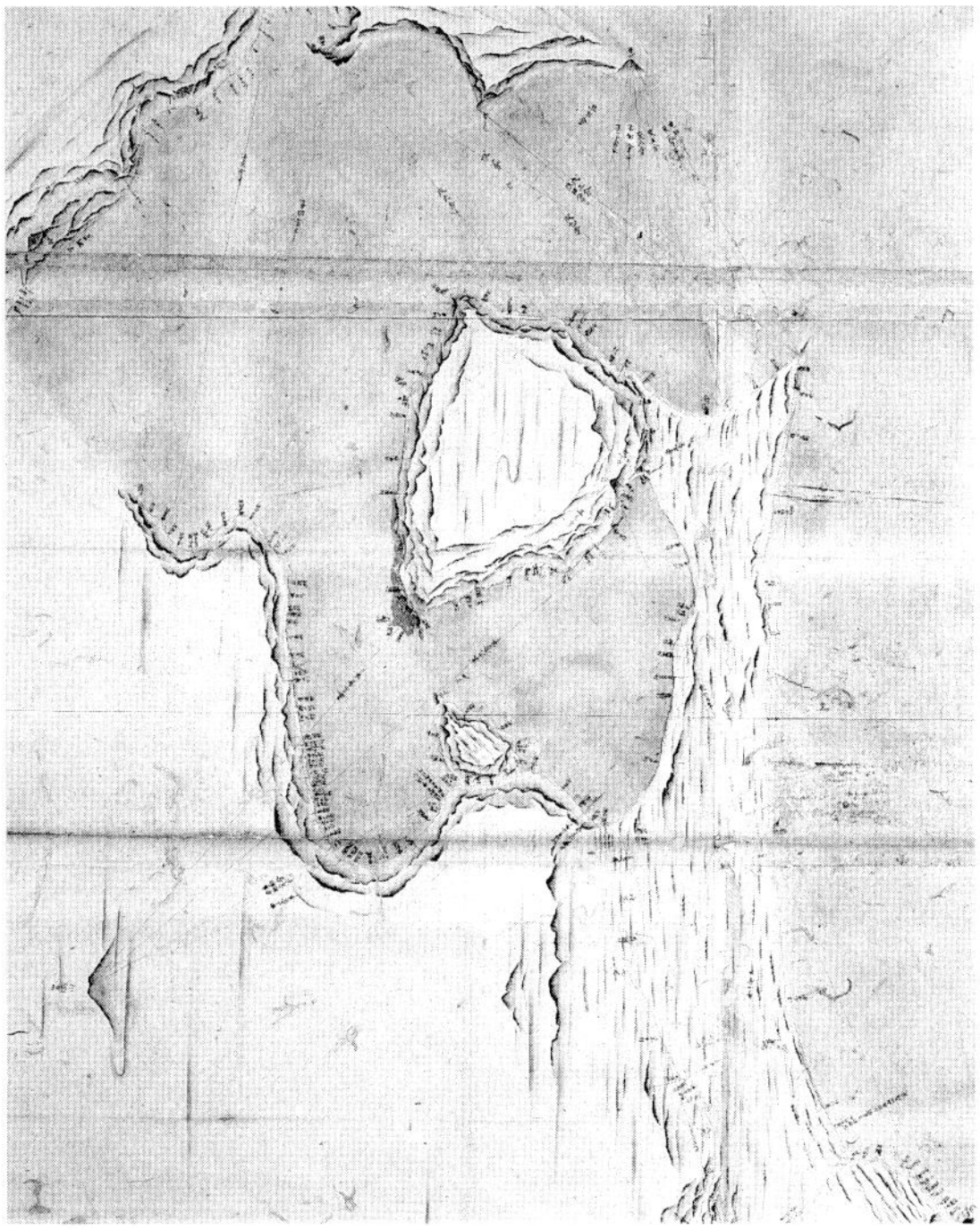

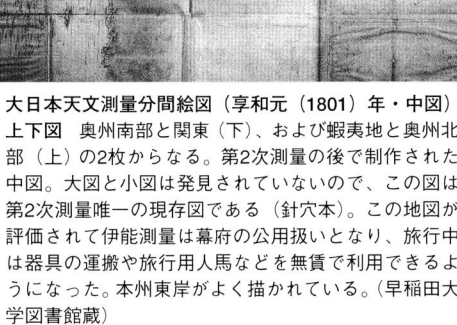

舗構成で、伊豆半島から陸奥《むつ》南部までの第1図と、陸奥北部から蝦夷地東南部までの第2図からなる針穴本である。享和元年中図の関東沿海部は、本図しか現存を確認できない。上書きは江戸の文字で「伊能東河先生　大日本天文測量分間絵図」とあるが、もともとの表題は、第1図裏に貼ってある「天文分間真図従伊豆国至奥州仙台　但以曲尺六分為一里、天一度者地二八里二分也」と思われる。中図は幕府ではなく、若年寄の堀田《ほった》摂津守《せっつのかみ》へ提出したというが、本図は堀田家へ提出した地図の可能性がある。1952年6月に雄松堂書店から購入されたものである。

第1次測量に中図はない。第2次測量の後、大図と小図のみでは取り扱いの不便を感じて中図を試作したのではないか。そう考えると、試作品なので幕府ではなく、摂津守に提出した意味が理解できる。結果的に残っている伊能図は中図が圧倒的に多いのだから、忠敬の見通しは的中している。

今日の地図と海岸線の形がよく合致する第2次測量の伊能図を提出された幕府は、評価は完全にできなくとも充分満足したであろう。この後、伊能隊の待遇が急激に上昇している。費用の2割か3割しか給付されなかった補助金が、ほぼ100%となる。

第3次測量 羽越への旅——

1802(享和2)年6月11日(陽暦7月10日)、第2次測量の成功で実績を認められた忠敬は、東日本全域を測量する含みで、奥州の日本海側(奥羽)と越後の沿岸測量の旅に出かける。

●準幕府事業の測量

能代で日食を測ったのち、弘前から三厩《みんまや》に出て5泊する。本州最北の津軽半島の先端の位置と形状をはっきりさせるのが目的であった。竜飛崎《たっぴざき》の先端は、陸路を測れなかったので船を出して海上から測った。

また、男鹿半島では平山郡蔵を長とする支隊(手分けという)を出して外側から半島を測らせた。一方の忠敬は内側から測っていったが、とうとう合流できなかった。半島南岸の地勢が厳しく、沿岸に近い道路もないので、測線はつながっていない。地元で船の調達もできなかったようである。

庄内から越後あたりでは幕命による事業であることが正確に認識され、人馬の提供を命じる御証文に書かれた人数以上に多数の測量応援の人足が提供されていた。越後岩船町の伴田与惣左衛門家の記録によると、支援のために出た人数は104人にもなっている。

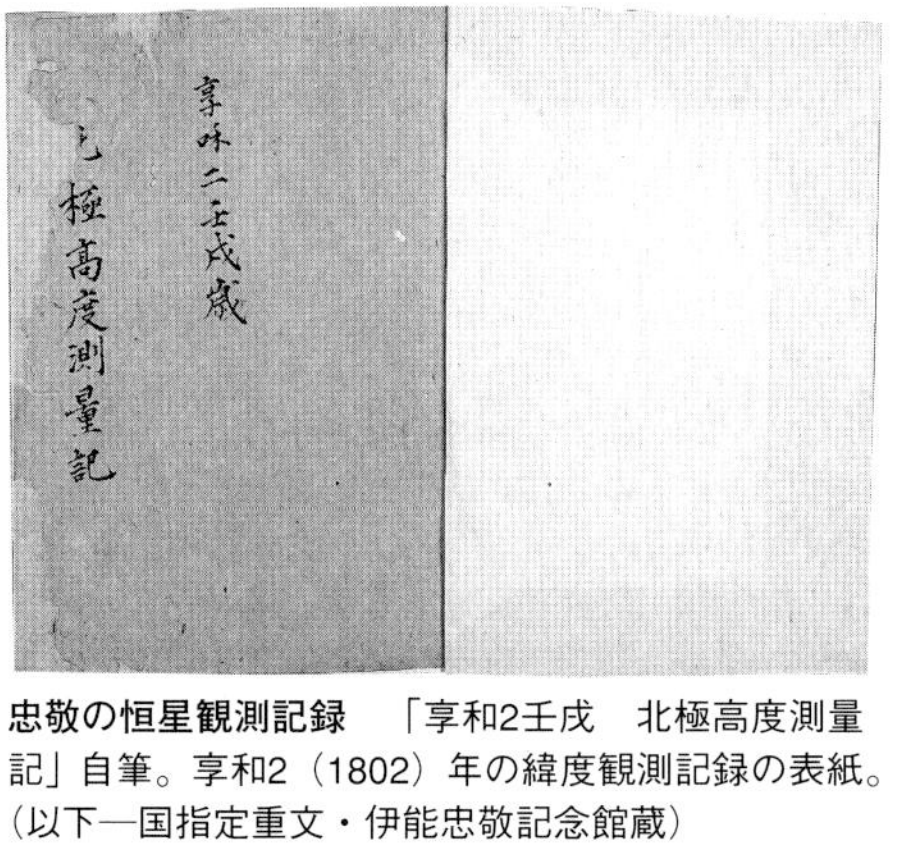

忠敬の恒星観測記録　「享和2壬戌　北極高度測量記」自筆。享和2(1802)年の緯度観測記録の表紙。(以下―国指定重文・伊能忠敬記念館蔵)

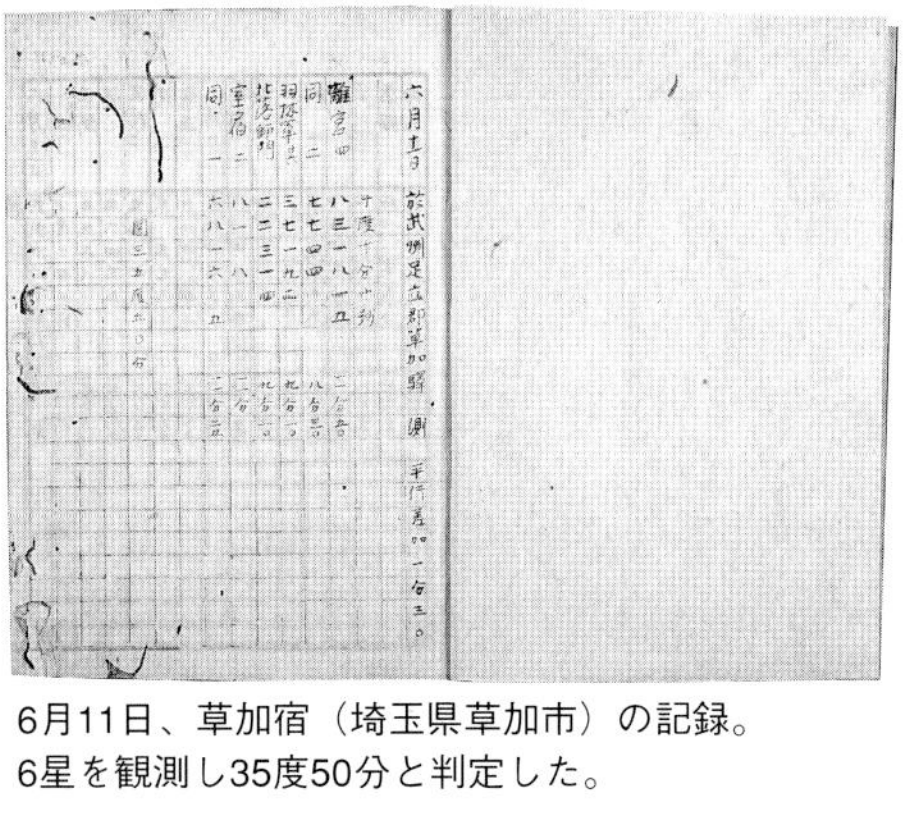

6月11日、草加宿(埼玉県草加市)の記録。6星を観測し35度50分と判定した。

第3次測量ルート図

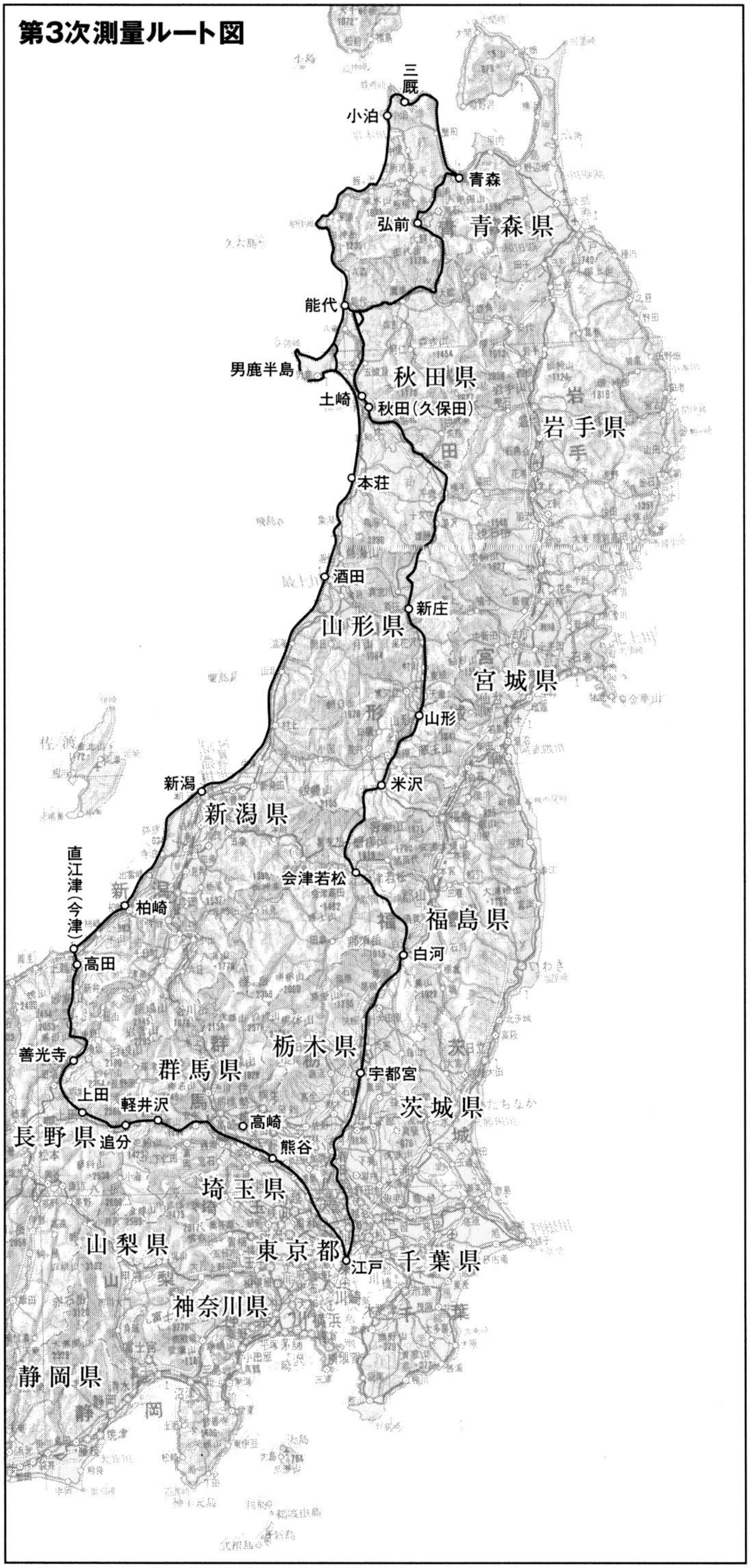

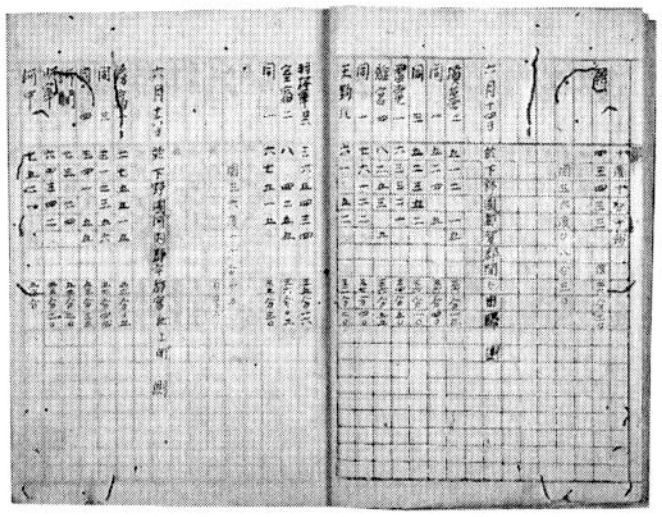

6月14日、間々田宿（栃木県小山市）の記録。16星を測り36度15分と判定した。

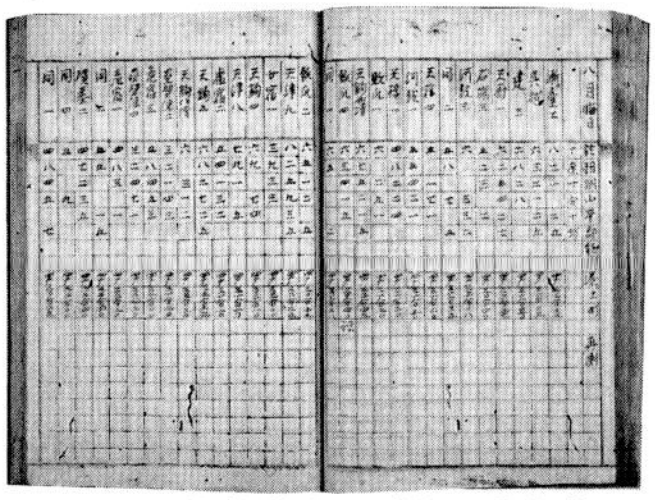

8月30日、能代港上町（秋田県能代市）の記録。30星以上を測っている。

伊能測量隊はまず、奥州街道を測進して白河を通り会津若松に向かい、米沢、山形、新庄、久保田（秋田）、土崎から能代、弘前、青森を経て三厩《みんまや》まで進んだ。三厩からは算用師《さんようし》峠を越えて小泊《こどまり》に出て、日本海沿岸を南下して能代、男鹿半島、土崎、本荘、酒田、新潟、柏崎、今津（直江津）へ至る。ここから信州に入って、高田、善光寺、上田を経て、追分から中仙道に入り、軽井沢、高崎、熊谷を通って、10月23日（陽暦11月18日）に江戸に帰着した。

伊能隊に対する待遇は、実績が認められてこの第3次測量から格段に向上し、個人事業とはいえ費用のほぼ100％を支給される準幕府事業に昇格したのである。手当金60両とともに、旅行中は無料で人足5人、馬3頭、長持ち1棹の持ち人足（4人）の利用が認められた。

第4次測量 東海から北陸の旅——

享和3（1803）年2月25日（陽暦4月16日）、伊能隊一行は中部地方を挟んで東海・北陸の海岸を測量する旅に出た。

●加賀藩での事件

第4次測量の東海道筋では、伊能測量のことがよく周知され、各地で同心や村役人が先払いに出役し、宿に郡奉行や町奉行が挨拶に出るところもあった。

しかし、加賀領ではそうはいかなかった。加賀藩では伊能測量を理解できず隠密がましいと判断した。幕命なので測量作業の応援は指示どおりおこなったが、勘定奉行先触れに書いてないことは拒否された。

村と村の間の距離の計測を断わり、村高、人別（人口）を答えさせなかった。案内には地元の村役人を出さず、十村役《とむらやく》（大庄屋のようなもの）の手代に応対をさせ、地理的なことを尋ねても、のらりくらりとコンニャク問答に終始した。金沢付近の伊能大図を眺めると、海岸から金沢城下まで測線は延びているのだが、地名が書かれていない。

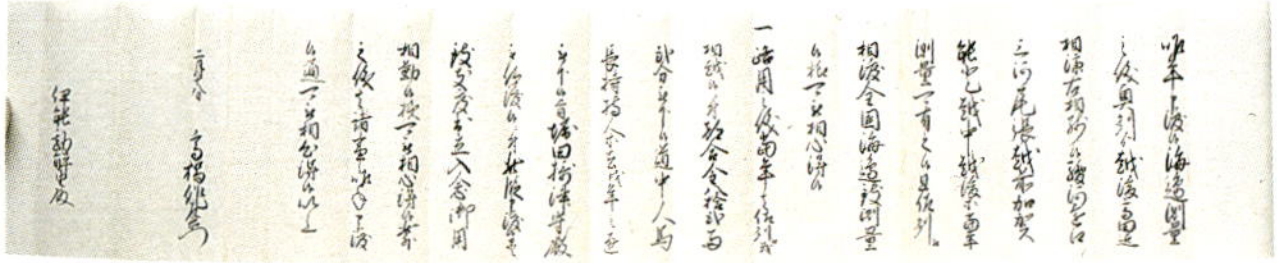

第4次測量の命令書　高橋至時から渡された堀田摂津守《ほったせっつのかみ》の命令書。費用として82両2分が支給され、前年と同様に無賃の人馬が用意された。（伊能家蔵）

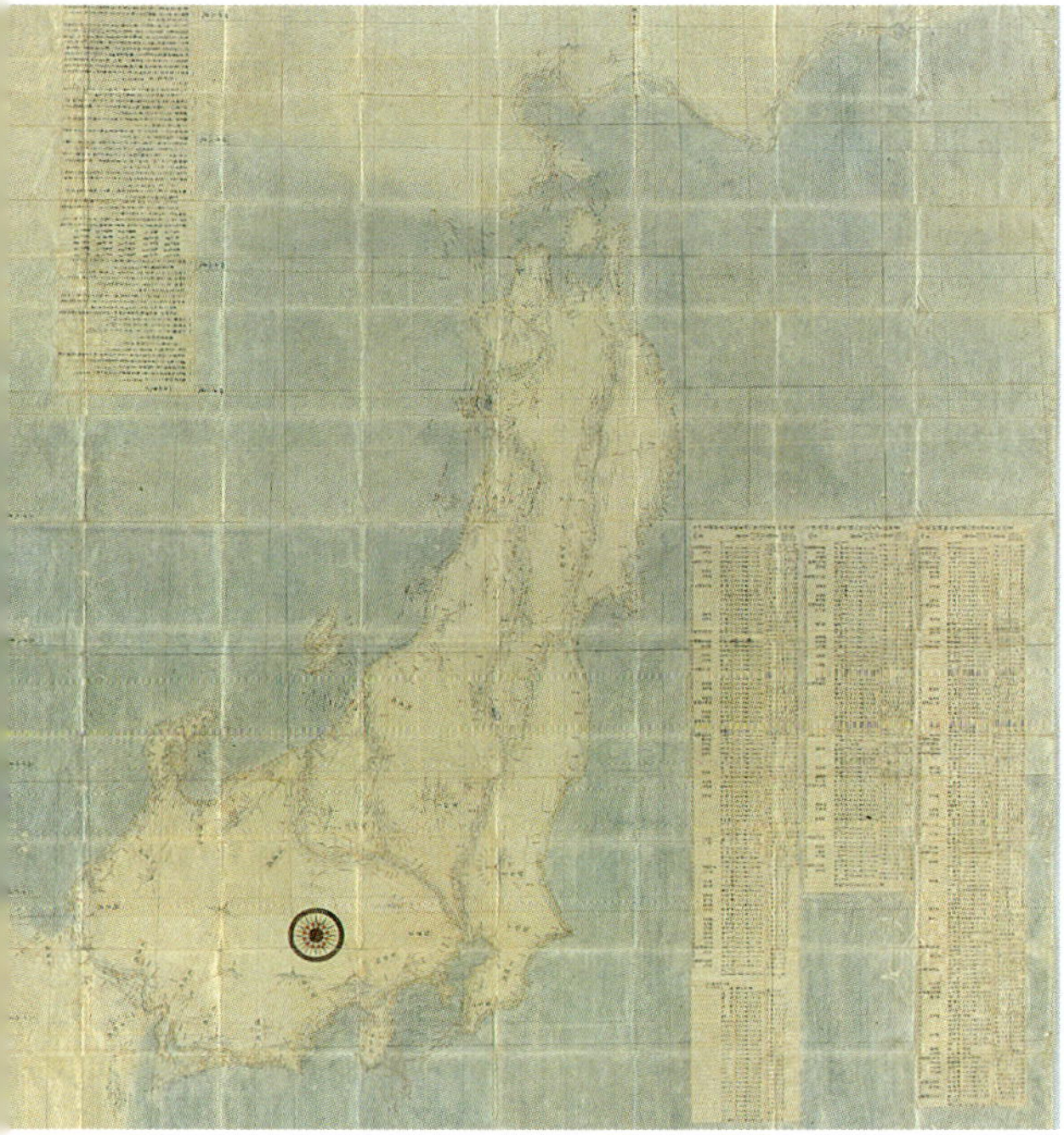

沿海地図「小図」（日本東半部沿海地図小図）全図　伊能測量当時の勘定奉行だった中川飛騨守《ひだのかみ》旧蔵の写本。表題に「日本沿海分間図官撰東国完」とある。彩色は美しく、地図合印は手書きだが統一がとれて揃っている。神戸市立博物館蔵の小図と同系統。（国立国会図書館蔵）

海岸から金沢城下まで真っすぐに延びる測線（沿海地図・大図）　加賀藩では、測量命令に書かれていない村高や人別を答えないばかりか、村間の距離の測定も拒否した。海岸から金沢城下まで測線は延びているが、地名は一つもない。（国指定重文・伊能忠敬記念館蔵）

それでも、越中の加賀領に入るとかなり改善される。そして糸魚川《いといがわ》で事件が起こる。

●糸魚川《いといがわ》事件

加賀から越中を過ぎて糸魚川に来た時、忠敬は姫川の河口を測るため、船で渡りたいと考えた。ところが、前宿に聞き合いに来た糸魚川宿の問屋《とんや》・八右衛門が、姫川は大河で渡船は危険だから上流の街道を測ってほしいと言い張るので、そうすることにした。しかし、実際には川幅10間（18m）くらいの小河であったから、忠敬は弟子たちに言いつけて船を出して測らせた。

労を惜しんで簡単にすまそうとしたとにらんだ忠敬は、宿に着いてから町役人たちを呼んで叱りつけ、一同は謝ったので許した。しかし本当は、町や宿の役人ではなく糸魚川藩庁が公儀天文方としての伊能隊を軽く扱かっていると感じたのであろう。立ち帰って藩の役人にも伝えておくよう言い添えた。

経緯を聞いて驚いた糸魚川1万石の小藩の奉行・代官は江戸の藩主（糸魚川松平家は参勤交代をしない江戸詰め）に報告する。藩主から勘定所に申し入れがあり、高橋至時から至急報で訓戒の御用状が忠敬に届いた。

幕府の直轄事業へ

忠敬の個人事業としておこなわれた第4次までの測量の終了後、尾張《おわり》から敦賀《つるが》以東の日本東半部沿海地図（略称、沿海地図）大図69枚、中図3枚、小図1枚が作製され、文化元（1804）年8月に幕府に提出された。

墨のほかに青（水路、海面）、緑（山景）、茶（平地その他）、黄色（砂浜）、朱（測線、記号）など5色を使い、彩色に工夫を凝らした。全体を精密であるとともに華麗に仕上げたので大変評判がよく、9月6日には江戸城の大広間ですべての図を接続して、第11代将軍・徳川家斉《いえなり》の上覧に供された。

『続徳川実紀』には「天文方が提出した日本図を将軍が見た」と一行書いてあるだけだが、家斉は、老中・戸田采女正《うねめのしょう》（氏教）、若年寄・堀田摂津守《せっつのかみ》（正敦《まさあつ》）以下、勘定奉行・中川飛騨守《ひだのかみ》（忠英）など関係者を従えて、地図の周囲を巡って査閲し、初めて絵図ではない地図を見て感嘆の言葉を発したのであろう。

こうして、日本東半部沿海地図の成功により、忠敬は小普請組に登用されて幕臣となり、10人扶持を支給される。役目としては、天文

現在の姫川の河口付近　姫川は親不知と糸魚川市の間を流れ出る川。（青海町・小野智司氏提供）

第4次測量ルート図

享和3（1803）年2月25日、江戸を出発した伊能隊の一行は東海道を沼津まで再度測量し、沼津から伊豆半島の測量線に接続させて沿岸測量を始めた。江尻、美保松原、御前崎、渥美半島、知多半島など東海地方の沿岸を進み、熱田から名古屋城下に入った後に佐屋宿に行く。

ついで岐阜、大垣、関ヶ原、木之本を経て加賀に抜け、北陸沿岸を福井、石川、今浜と進む。ここで二手に分かれ、能登半島を東西両岸から測量して内浦で合流した。

その後、富山から糸魚川、尼瀬（出雲崎）を通って佐渡の小木に渡る。手分けして佐渡の周囲を測量し、海を渡って寺泊に着く。最後に寺泊から長岡、六日町、三国峠を越え、高崎、熊谷、浦和を通って、10月7日に江戸に帰着した。

方に出向し高橋景保《かげやす》（師匠・至時の嗣子）の手付手伝いということになった。いわゆる御家人で与力格である。そしてこれ以降の測量は、幕府の直轄事業となった。

●沿海地図大図

沿海地図の大図は69枚からなっていて、1枚は畳1枚くらいの大きさのものが多い。副本69枚が揃って伊能忠敬記念館（伊能記念館）に保存されている。

「歴尾州赴北国到奥州沿海図」30図、「自江戸至奥州沿海図」17図、「奥州街道図」10図、「越後街道図」3図、「自白川至出羽国図」5図、「自高崎三国街道図」2図、「歴尾州赴北国到奥州沿海図　初図」、「佐渡国沿海全図」からなっている。近年になって実物大の複製が制作されたが、全部を展示するには600㎡を要する巨大図である。これだけ大部の地図が当時のまま保存されてきたのは、中間段階の製品であるため、正本消滅後も再度の提出を求められなかったからでもある。

文化元年大図の内容は、彩色と沿道風景描写に文政4年最終版大図ほどの派手さはないが、描図形式はほぼ同様である。測線沿いの地名、宿駅、城下、国界、郡界などを詳細に

沿海地図「大図」初図（26）部分・江戸湾付近　深川・黒江町の忠敬隠宅から東海道の神奈川、奥州街道の谷塚、中仙道の蕨《わらび》、房総沿岸の湊新田までの範囲。（国指定重文・伊能忠敬記念館蔵）

文化元年版・沿海地図「中図」（上）部分・富士山付近（伊能忠敬記念館蔵）

記すほか、領主名を載せる。経緯線があり、河川、海岸、砂浜、山景の描写も詳しい。

●沿海地図中図

伊能記念館、伊能三郎右衛門家（伊能記念館保管）、徳島大学附属図書館、国文学研究資料館内の史料館に、それぞれ3舗完全揃い

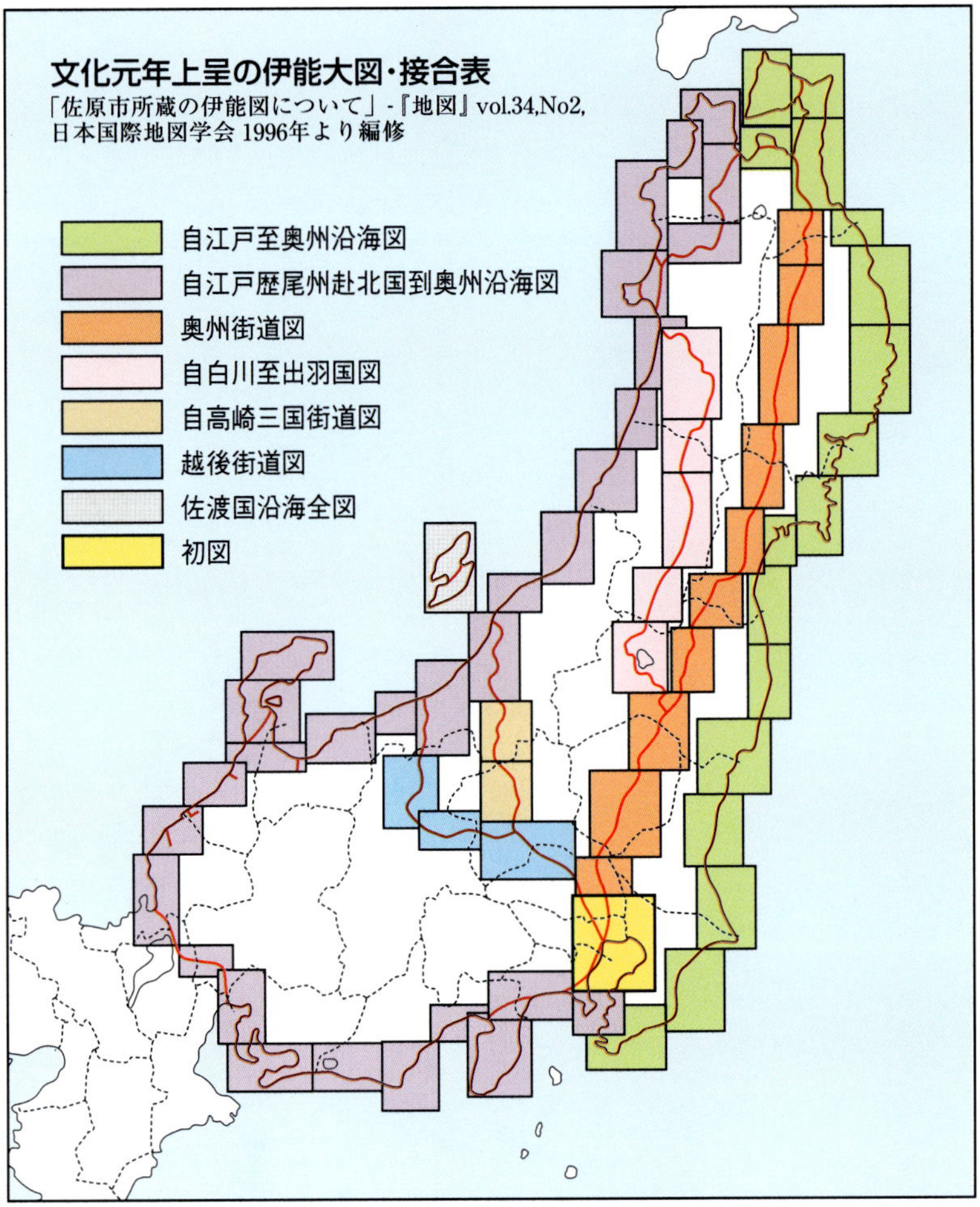

文化元年上呈の伊能大図・接合表
「佐原市所蔵の伊能図について」-『地図』vol.34,No2,
日本国際地図学会 1996年より編修
自江戸至奥州沿海図
自江戸歴尾州赴北国到奥州沿海図
奥州街道図
自白川至出羽国図
自高崎三国街道図
越後街道図
佐渡国沿海全図
初図

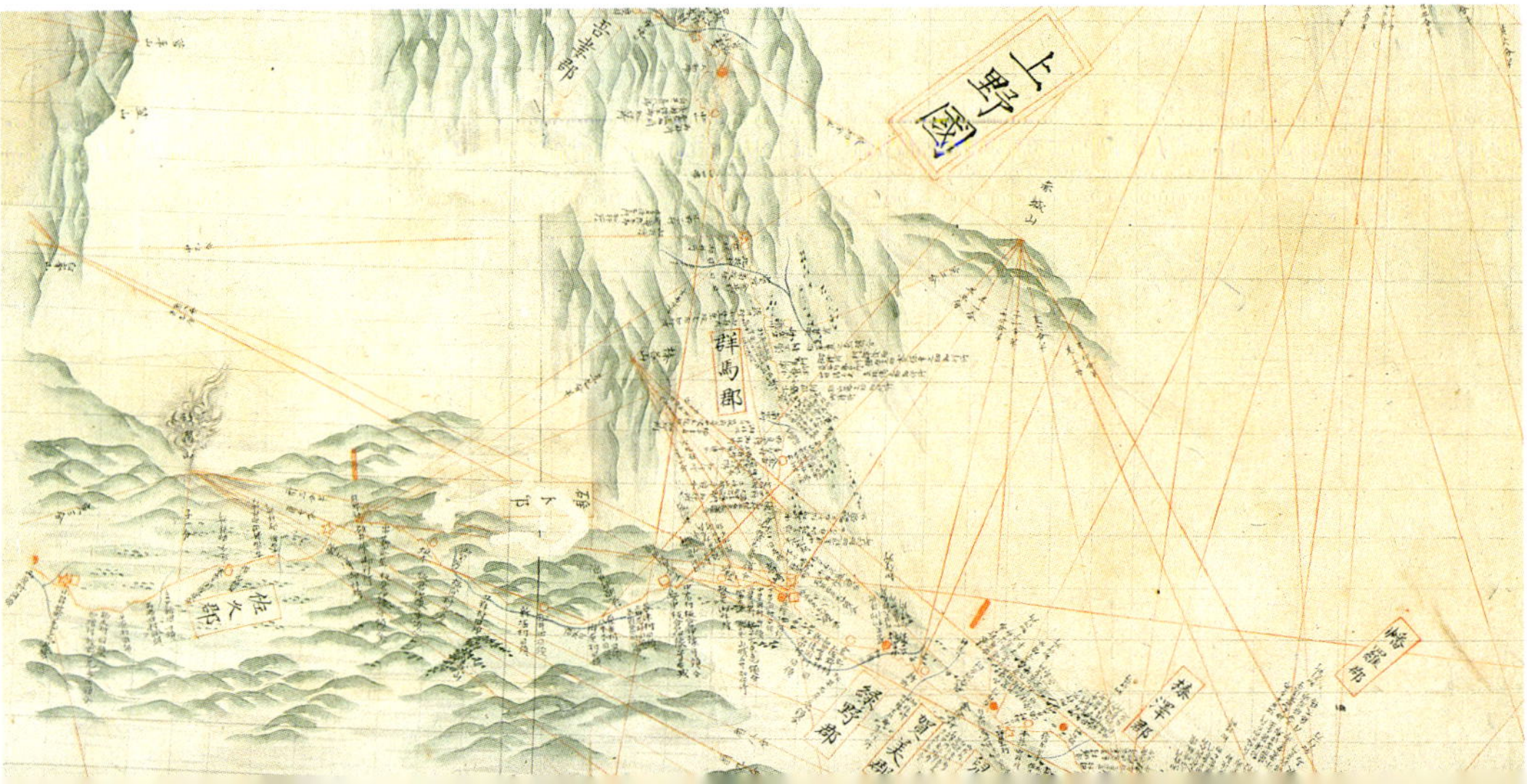

沿海地図「中図」関東部分・浅間山付近　沿道の山景の描写に工夫が凝らされ、浅間山は噴煙をたなびかせている。彩色は美しく、緑色の範囲は少ないが色調は強い。文字やコンパスローズはやや稚拙。天測地を示す☆印がある。（学習院大学図書館蔵）

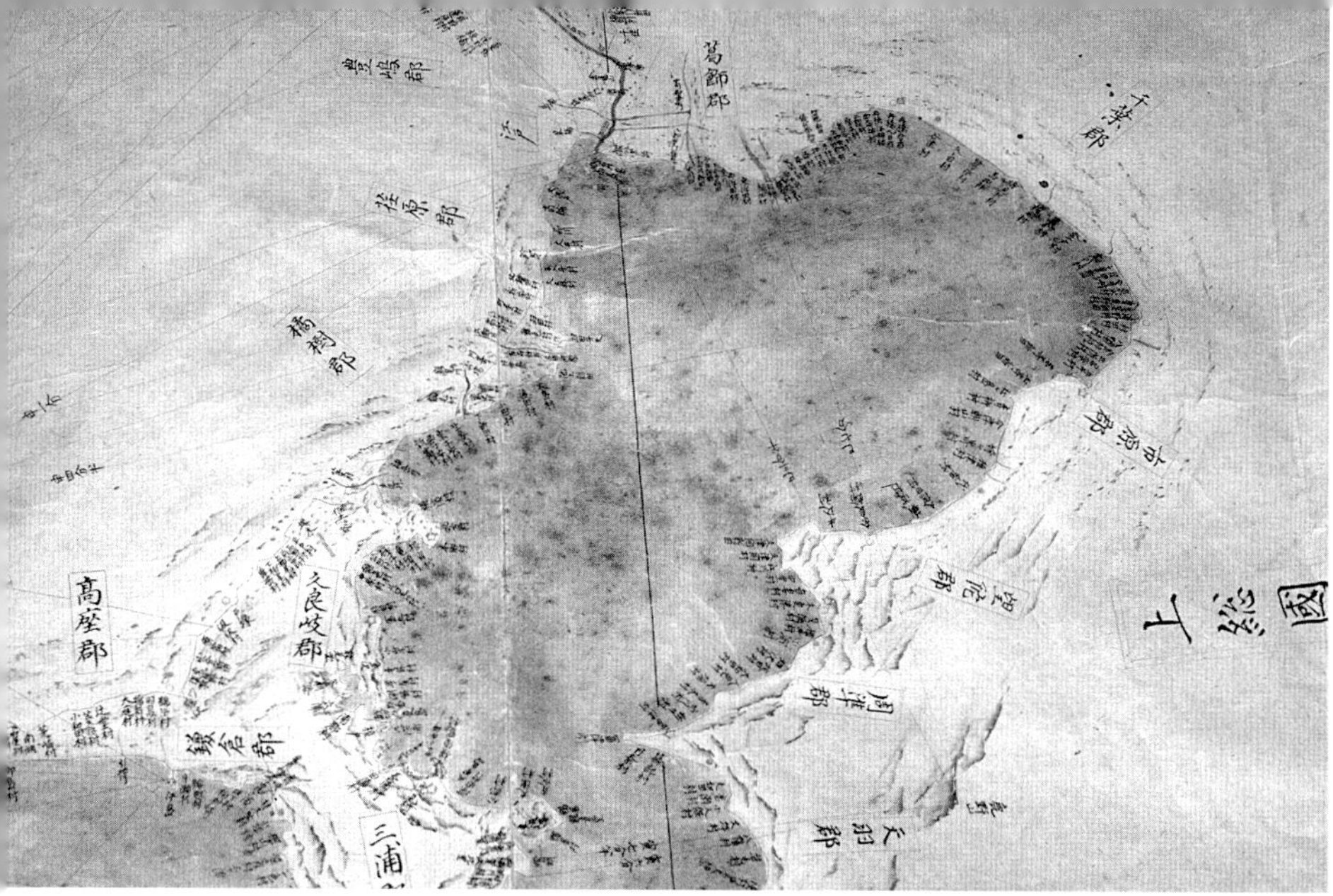

沿海地図「中図」に描かれた江戸湾　大図で見てきた江戸湾は、中図ではどうなるか。最終版と比べると色彩は淡白だが、測線や方位線はしっかりしている。徳島藩主の蜂須賀侯に献呈された副本。（徳島大学附属図書館蔵）

の中図が所蔵されている。伊能記念館と伊能家の中図は控えの副本である。徳島大学の中図は徳島藩主蜂須賀《はちすか》家の旧蔵、史料館の中図は弘前藩主津軽家の旧蔵品である。いずれも針穴本で丁寧に制作されており副本と言えるものである。3舗の構成は、上＝中部から関東、中＝奥州、下＝蝦夷地となっている。

この3種類の中図を記入事項などで比較すると、完成度にけっこう差が見られる。たとえば、「下之部」の余白を見ると記念館中図ではその他情報の記入はないが、徳島大学中図では簡単な凡例と北極出地度や里程表を載せる。史料館中図は虫食いなどが多いが、詳細な凡例を載せ、北極出地度などを「中之部」に掲載している。

●特殊な沿海地図中図

学習院大学図書館には、沿海地図中図の特殊な写本が所蔵されている。図の形式は文化元年の沿海地図中図であるが、中図の記載事項のほかに、領主名が記入されている図である。沿海地図中図は、中部・関東、奥州、蝦夷地の3舗構成が普通であるが、学習院大学中図は関東と中部を分け、また奥州を南北に2分して（余白の里程表も全体をそのまま2分する）全5舗構成である。関東の部には、旧蔵の陸軍文庫で模写を試みた際のものと思われる稚拙な鉛筆による方眼が見られる。

また、学習院中図と全く同じ形式の中図が、仙台の伊達藩旧蔵品の中にあり、宮城県立図書館に所蔵されている。さらに、ローマのイタリア地理学協会にカナ書きの伊能図があるが、図の分割方法などが学習院大学中図と同じで、同一原本からの写本である。

●沿海地図小図

沿海地図小図は、日本東半部を総合的にまとめ、凡例を付加した完成品である。将軍の上覧に供したこともあり、特に小図が話題になったと考えられる。一枚に東日本全域が表現され簡便なため多数の副本が作られ、伊能グループ以外でも写しが作られた。そのため良質な図から粗雑な図までバラエティに富んだ多数の写本が各地に現存している。

●史料館の沿海地図小図

前述の沿海地図中図と同様に津軽家に伝わったもので、同じ時期に提供された副本である。傷んでいるが針穴は明瞭で、描図は丁寧である。完成度が高く、凡例の末尾に忠敬の印がある。忠敬の印がある伊能図はこれだけである。

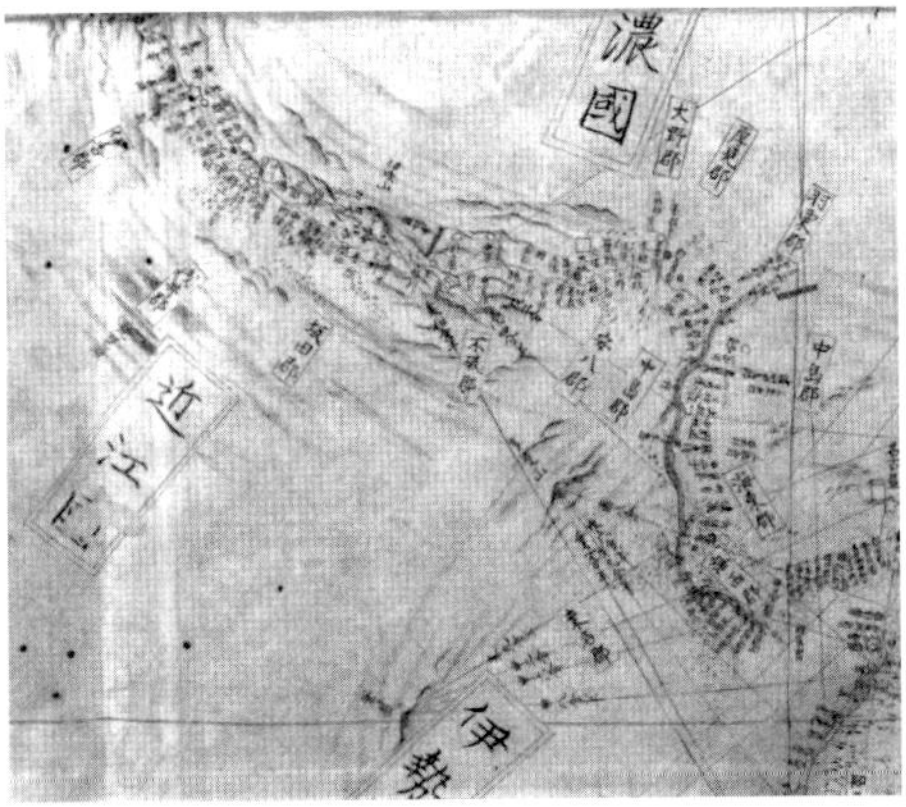

沿海地図「小図」（中川飛騨守旧蔵）部分・尾張、美濃、近江付近（国立国会図書館蔵）

沿海地図「小図」（中川飛騨守旧蔵）部分・関東（国立国会図書館蔵）

C O L U M N

測量途中の伊能図セット

伊能測量のうち、個人事業としておこなわれた第4次測量までの日数は761日で、全測量日数3753日の約2割である。幕府事業となっても、当初の計画では3年くらいで西国一円を測量する予定であった。ところが西国の海岸線は複雑であり、また、幕府事業として丁寧に測られたので、日程が大幅に遅れ、11年もかかってしまった。

文化元（1818）年に沿海地図が上呈され、伊能図が評判になった時、諸侯などから多くの分譲要請が寄せられた。特に沿海地図の小図の希望が多く、多数作られたが、西日本も測量すると聞いて、西日本を含めた日本全図を求める諸侯もあったことだろう。平戸藩のように、文政5（1822）年まで10数年待って入手した藩もあるが、それほど待ちきれなかった藩もあった。たとえば、九州第1次測量終了後にそれまでに作製された伊能図を集めると、沿海地図中図（上）（中）（下）、中国・畿内沿海図、四国図、九州六箇国沿海図の7図のセットとなる。徳島大学に伝えられている伊能図は、前3図に「沿海地図」、あとの4図に「大日本沿海図稿」と名づけられているが、九州第1次測量終了後の伊能図セットである。

これら地図の提供について忠敬は幕府の了解を得ていたと思う。旅先でいただくわずかな進物の金子も、江戸で天文方を通じて伺って受納していたから、数10両の謝礼が動く地図仕立てを勝手にやっていたとは考えられない。地図仕立ての謝礼は関係者を潤したから、測量旅行の間隙を利用して要望に応じたらしい。忠敬が日本全国の測量を終わるまで入手を待てない諸侯も、かなり多かった。

また同じように四国測量終了時点の伊能図セットも作られていて、学習院大学、宮城県立図書館、イタリア中図がそれにあたる。

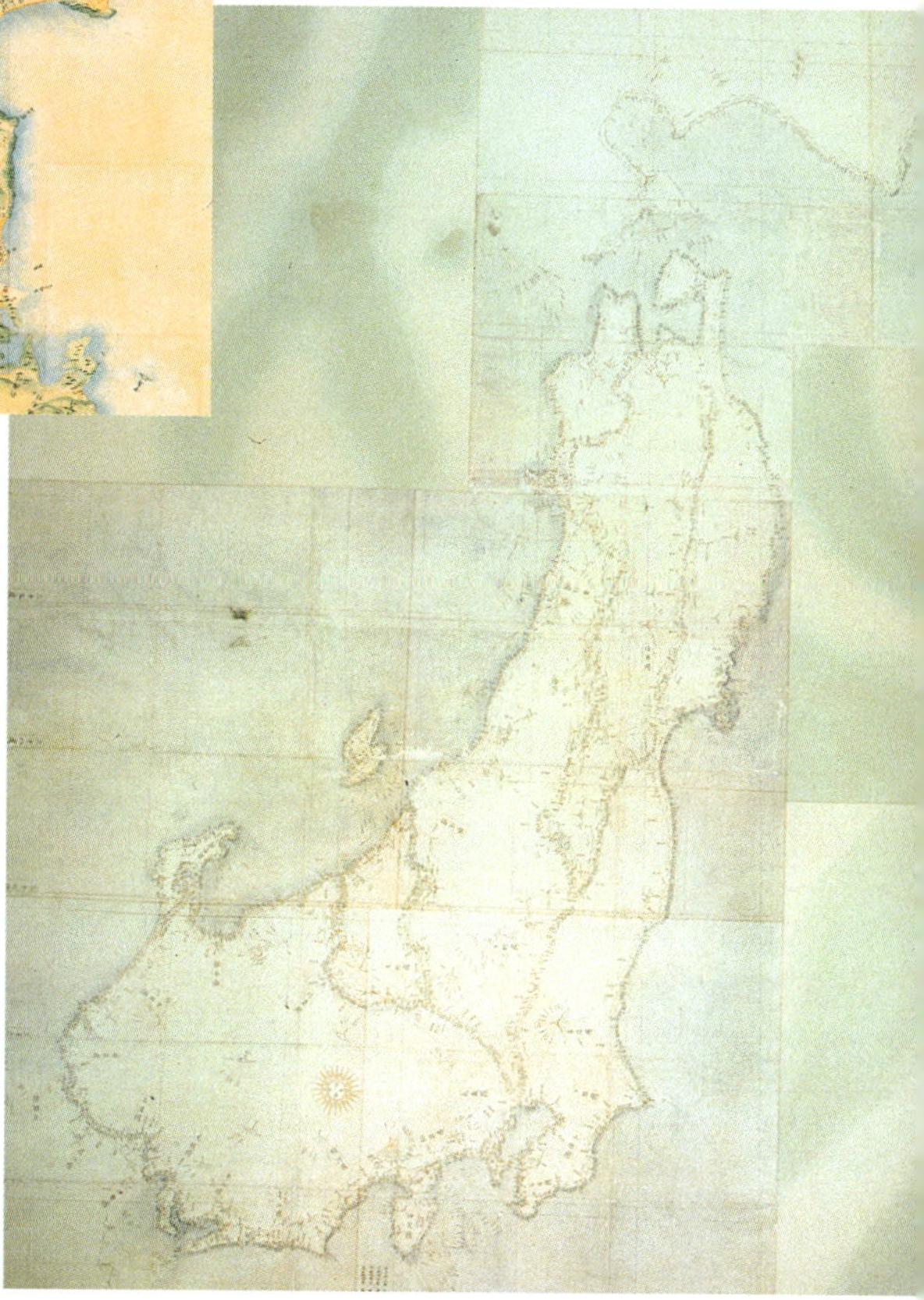

小倉陽一氏蔵・沿海地図「小図」複製
小倉家に譲られた沿海地図小図の副本（伊能家控え）のレプリカ。序文、凡例、里程表の記入はない。コンパスローズは簡単である。（伊能忠敬記念館蔵）

最終版伊能図・大図（93）部分
藤沢・鎌倉付近（国立国会図書館蔵）

国立国会図書館の沿海地図小図

国立国会図書館には、堀田文庫の印のある沿海地図小図（堀田小図）と、中川家の蔵書印のある沿海地図小図（中川小図）の2舗が所蔵されている。

堀田小図——もと陸軍文庫にあり、戦後に国立国会図書館に入った副本。堀田文庫、陸軍文庫の2つの蔵書印があり、堀田文庫の蔵書印は伊能測量当時の担当若年寄・堀田摂津守《かみ》の蔵書印と一致するので、忠敬から堀田摂津《せっつの》守に謹呈された図と推測される。虫食いや虫穴などが多く、だいぶ傷んでいるが、針穴は鮮明であり、描図も確かで完成度が高い。経緯線は細く、描図上に上書き（国名の部分を除く）する。経線は江戸・深川を基準としているが、度数の記入はない。

中川小図——当時の勘定奉行・中川飛驒守《ひだのかみ》が模写させた図で写本。神戸市立博物館蔵の沿海地図小図と同系統である。地名、付表、凡例など、記入内容は堀田小図に同じだが、文字は少し稚拙。合印の一部に手書きのものがある。彩色は鮮明で、黄色や朱色が目立つ。題名は「日本沿海分間図官撰東国完」とある。

神戸市立博物館の沿海地図小図

明治におこなわれた忠敬顕彰の発起人・佐野常民氏旧蔵の写本。南波《なんば》松太郎氏が1959年に購入し、南波コレクションとして神戸市立博物館に入った。色彩が鮮やかで、経緯線はあるが、題名や蔵書印などはない。虫食いはほんのわずかしかなく、完成度は高い。凡例や付表は堀田小図に同じ。

その他の沿海地図小図

内閣文庫、名古屋市蓬左文庫、宮内庁書陵部、古河歴史博物館、長崎市立博物館、小倉陽一氏、早稲田大学、尊経閣文庫など、多くの施設や個人に所蔵されている。伊能図への理解がいっそう深まれば、まだまだ発見されることだろう。

小倉陽一氏蔵の伊能図はもともと伊能家に伝えられた副本であったが、何らかの機会に伊能家から贈呈されたものという。伊能記念館にはその複製図がある。控え図のため、序文、凡例、里程表などの記載はない。

第6章

日本全国の測量（西日本編）

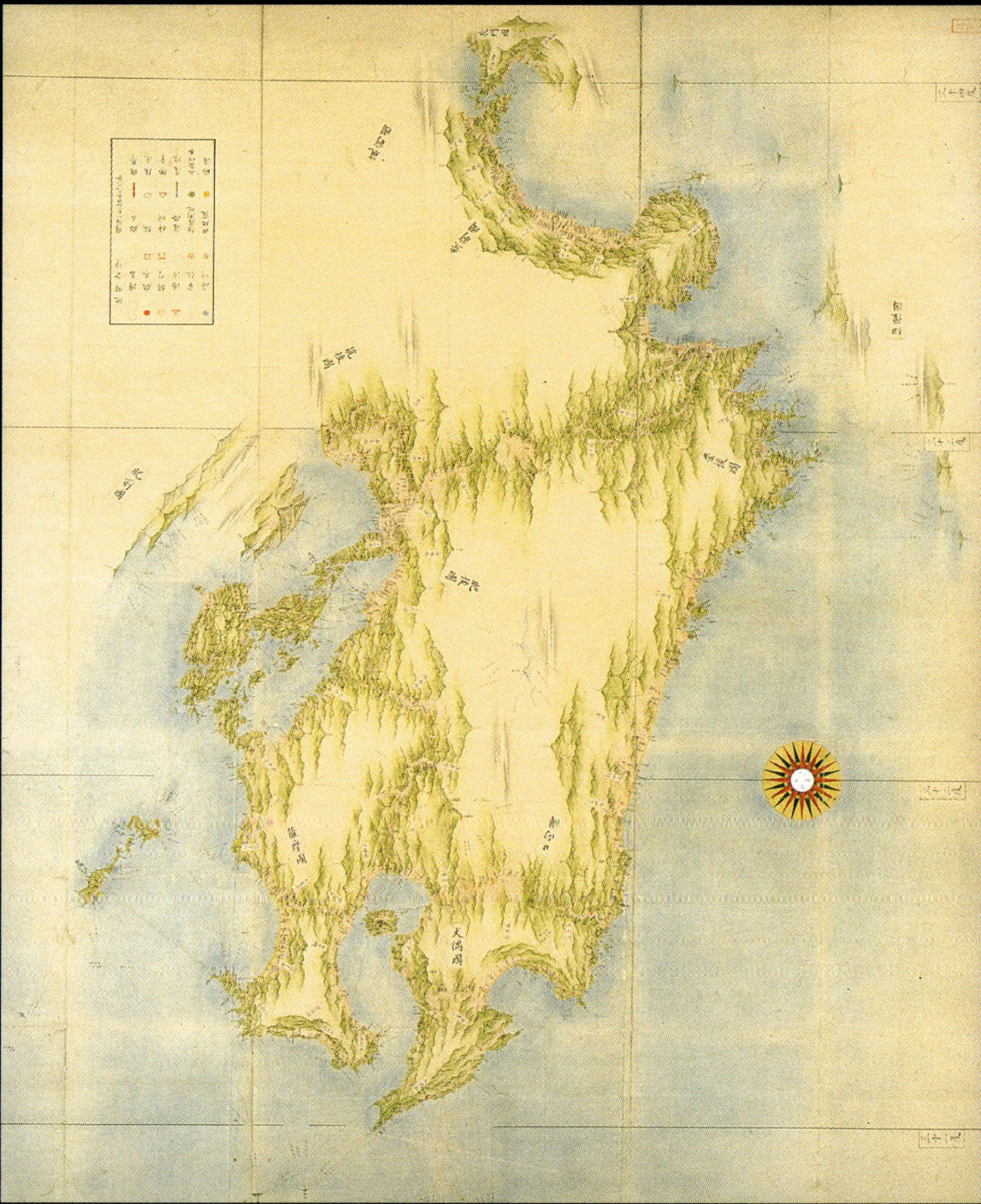

第5次測量——畿内・中国地方の旅

幕府直轄の測量隊に昇格しておこなわれた西国測量は、全域を約3年がかりで一度に測量するという大計画で始まった。ところがさまざまなトラブルが発生して、結果的に畿内・中国地方沿海、四国沿海（第6次）、九州第1次（第7次）、九州第2次（第8次）測量を含めて4回に分割して実施された。

●忠敬の大病

忠敬には持病があり、もともと体が丈夫なほうではなかった。それなのに、なぜ17年間も歩き続けることができたのだろう。実測による日本全図完成という大きな使命感があるにしても素朴な疑問である。歩いたから丈夫だったのか。医者は問題なく歩いたからだと言う。

隊員は多数である。旅先では軽い病は数多く起こっていた。測量隊が通行する際には、村々では医師を待機させた。作業中は忠敬の乗用のほかにも駕籠《かご》を用意し、具合の悪い者が出ると宿に送るようにしたところもある。

忠敬は第5次測量後半に大病をして、測量

伊能測量隊は、文化2（1805）年2月15日に品川の大木戸を出発してから、浜名湖の周囲を約10日かけて測量した。4月9日に桑名に着いた後、4月22日に山田（伊勢市）に到着する。伊勢では8泊して、木星とその衛星の交食を徹夜で観測し、周辺測量と伊勢内宮・外宮の参拝、観光をしてから鳥羽に移る。

大坂には12泊して、付近の測量や間《はざま》宅での観測、旧知との交流を経て、京都に向かう。京都に8泊して周辺を測量し御所参拝をして、大津を通り琵琶湖の周囲を測る。ふたたび大津に戻ったのは9月21日（陽暦11月11日）であった。

9月23日、大津宿を出発し宇治、摂津、尼崎を経て山陽沿海に向かう。岡山に12月1日に到着して越年した。明けて文化3年正月18日に岡山を出発。手不足を補うため、地元の協力者4人を得て複雑な瀬戸内海沿岸と島嶼を測量しながら進む。

3月に江戸より増援の隊員が到着し、5月6日には赤間関（下関）に達した。残念ながら忠敬は4月末から熱病の「おこり」となり、療養しながら旅を続ける。5月14日に赤間関を発ち、24日には萩、6月8日には浜田、18日には松江に達する。忠敬は松江に残って療養に専念し、測量隊は隠岐全島の測量を終え、7月21日には美保関に帰港した。

忠敬の病気は癒えて、8月7日に松江を出発する。山陰沿岸を測量して若狭湾に入り、琵琶湖周辺の東西の街道を測ってから大津へ出る。その後、東海道を戻り11月3日に熱田に着いて以降は、測量せずに江戸へ向かい、11月15日に品川宿に帰着した。

作業にも大きな影響があった。文化3（1806）年4月末、徳山領の測量を終えて防府《ほうふ》の隣の秋穂浦《あいおうら》まで進んだ時、難病の「おこり」にかかる。「おこり」はマラリア性熱病の旧称で、周期的に発熱し、悪寒や震えが出る病気である。

病気はなかなか治らなかった。回復して作業ができるようになったのは、測量隊が隠岐《おきの》島《しま》の作業を終え、松江に到着した8月初めからであった。正味3カ月かかっている。隠岐にも測量隊とともに渡ろうとしたが、途中病状が悪化し船を引き返す。風向きが悪くて出船した三保関《みほのせき》（美保関）には戻れず、赤碕《あかさき》に着く。一行はここから松江に引き返した。驚いたのは沿道の諸藩や村々である。もし忠敬に万一のことがあっては大変と、医師を派遣し見舞いに出た。測量も大停滞となる。

●伊能隊の隊規乱れる

ついに忠敬は、松江にとどまって療養に専念することにして、隊員だけを隠岐《おき》に送る。1カ月余を松江で静養して、すっかり回復した。しかし、病気のため隊務を見れなかった3カ月間に伊能隊の隊規は乱れ、汚点を残すことになった。この隊規紊乱《びんらん》について、高橋景保は若年寄・堀田摂津守から直接指摘を受けた。

「隊員が宿々で余計な人足を集めたり、酒宴

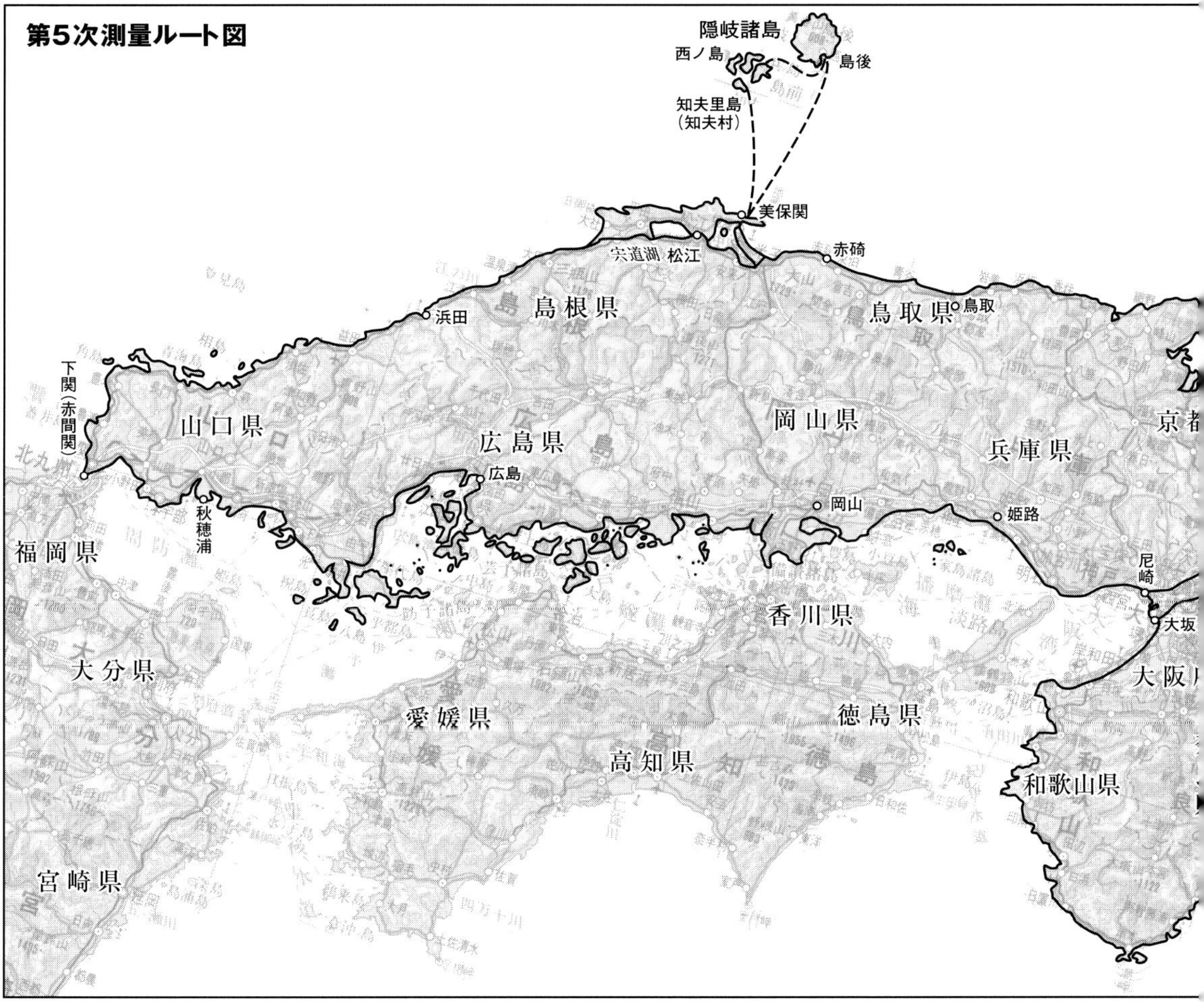

大和國
伊賀國
伊勢國
和泉國
攝津國
山城國
近江國
若狭國
越前
伊賀郡
蒲生郡
遠敷郡
大飯郡
加佐郡
敦賀郡

を開いて酌取り女などを出させたという。また、従者などは買い物をして代金を払わなかったとか、（中略）忠敬は四国・九州にも行ってもらわねばならぬ大切な身分である。帰るまで放置しておいて途中でさらに何かが起こっても困るので、軽く注意しておいたほうがよいだろう」（伊能忠敬記念館蔵『高橋御用日記』解読・安藤由紀子による）。

大変温かい注意である。これらはすべて幕府の御徒目付らが伊能隊の作業ぶりを監察した事実であった。摂津守は内意という形で意向を天文方の高橋景保に伝え、景保から注意をさせた。忠敬は戒告状を10月3日に若狭《わかさ》の三方《みかた》村で受け取る。10月5日付けで返書を書

畿内沿海地図・中図（文化4(1807)年）（右図）　部分・奈良盆地（上図）　第5次測量の後に上呈された中図の写本だが、第6次（四国）測量の帰途に測量した奈良から伊勢の測線が追加されているので、原図の制作時期は第6次測量以降と考えられる。

幕府直轄事業となって初めての提出図であるためか、沿海地図と比べて彩色が華麗である。この図の大きな特徴は、伊能大図の記載事項である領主名が書き加えられている点である。こうした種類の原図が伊能隊によって制作されたのか、写本の際に加筆されたのかは不明である。仙台藩の旧蔵品の中にも同じような地図がある。陸軍文庫の蔵書印があり、終戦後に陸軍が焼却する直前に、学習院女子部の堀教諭が譲り受け同大学図書館に寄贈した。（学習院大学図書館蔵）

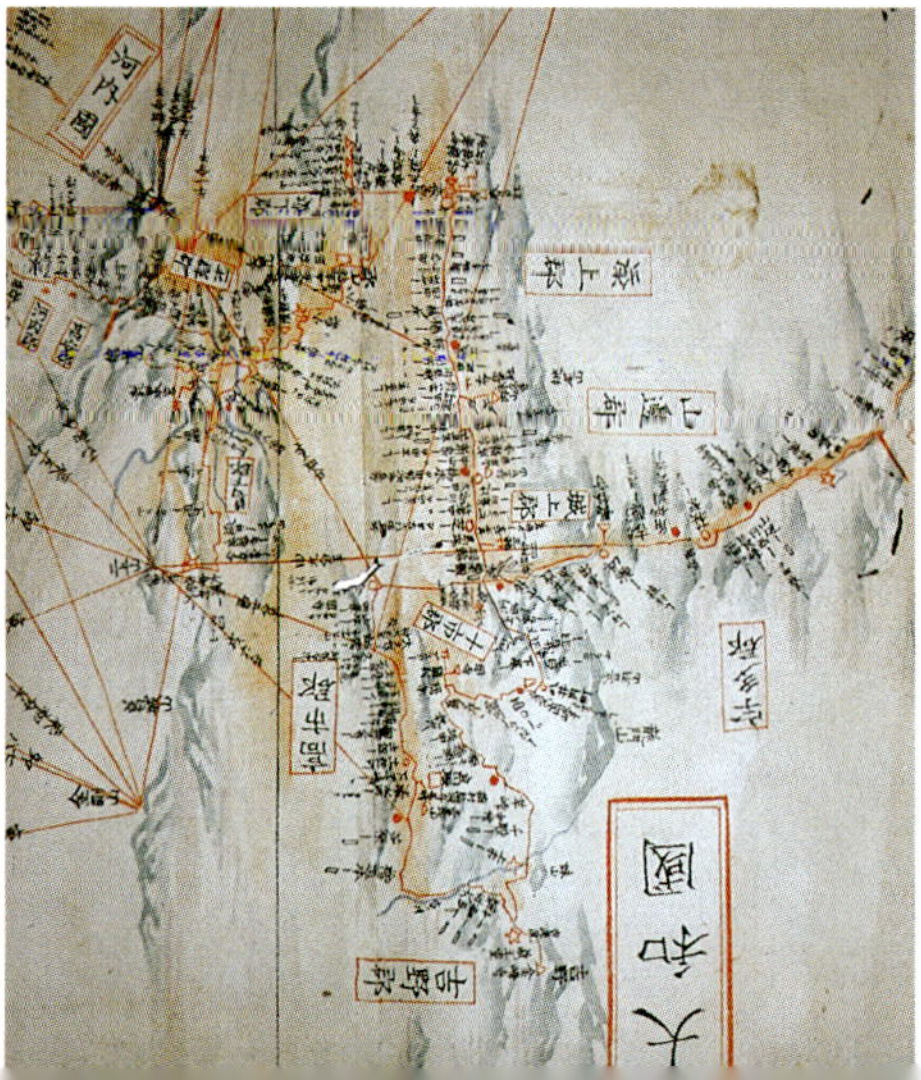

沿海地図・中図（部分・奈良盆地付近）
第6次測量の測線を追加した当麻寺、春日大社から吉野までの範囲を示す。領主名を簡略化して記載している。（仙台藩旧蔵・宮城県図書館蔵）

文化4年版・伊能中図（部分・丹後宮津付近）
丹後半島から若狭湾の小浜辺りまで、複雑な海岸線を丁寧に測っている。
（国指定重文・伊能忠敬記念館蔵）

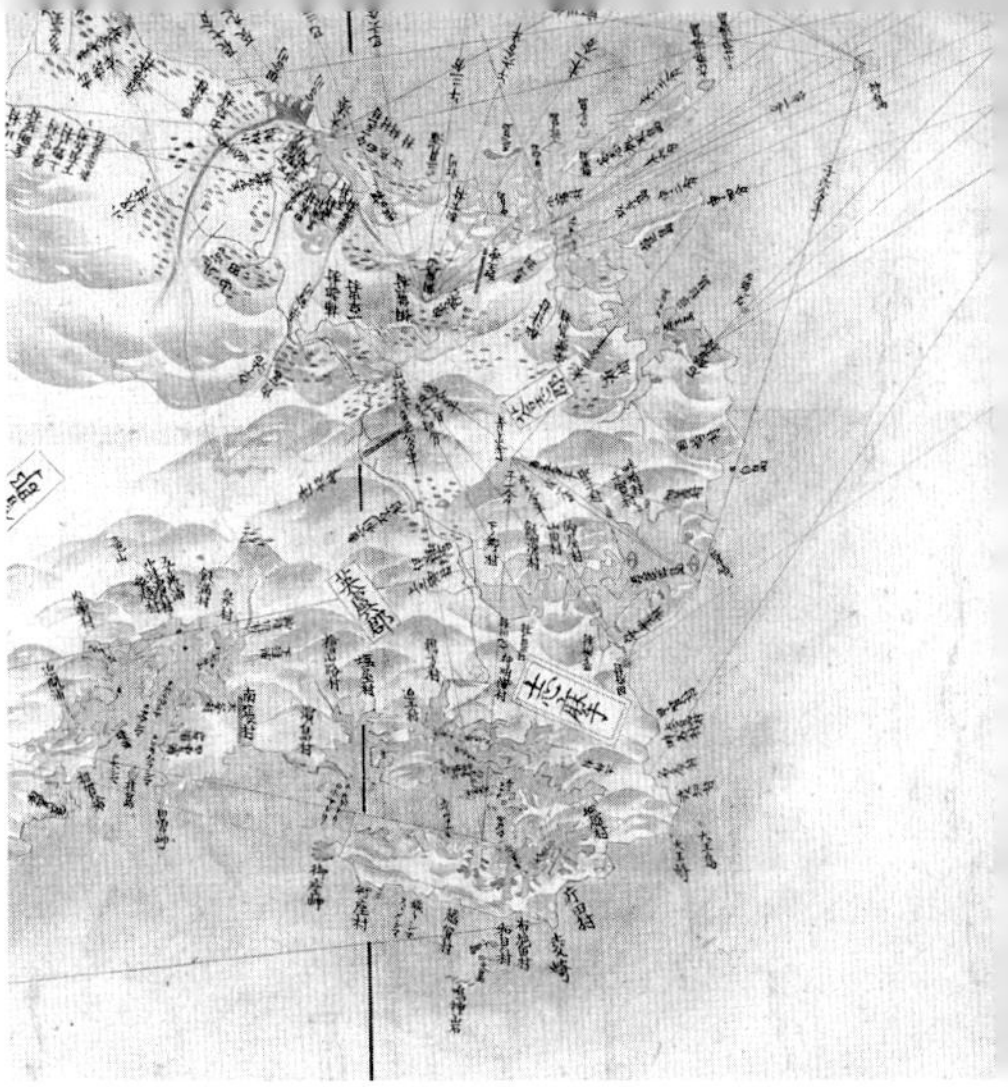

志摩半島の測線　最終版中図の部分。伊勢や鳥羽では徹夜で木星の観測がおこなわれた。測量のほうも凹凸の多い海岸線と無数の島々が計測された。そのために膨大な時間がかかり、作業の遅れの原因となった。（成田山仏教図書館蔵）

く。「これまで4カ年測量御用を務め、弟子たちにも固く慎ませてきましたが、病中のため行き届きかね、申し訳ありませんでした。もはや事後になりましたがきつく申し渡しました。御配慮ありがとうございます」という文面であった。

ここまでくると、隊内の処分もおこなう必要があった。帰府の後、忠敬は景保と相談して平山郡蔵と小坂寛平を破門した。平山家は忠敬が入夫の時に仮親になってもらい世話になった間柄である。郡蔵は第2次測量から従事し、個人事業の時代には副隊長格で腕を振るっていた。忠敬にとって悲痛なことであったろう。当然、平山家からは苦情が出た。

忠敬にとって第5次測量は、全測量旅行の中で最も心痛の多い旅であった。

そのほか、第5次測量中には、伊勢で木星の天測をしたこと、尾《お》鷲《わせ》で起こった下役・市野金助と忠敬の衝突などがあった。第5次測量の後で制作された地図としては、中国沿海地図中図、畿内沿海地図中図が残っている。

第6次測量ルート図

第6次測量　四国・大和路の旅

文化5（1808）年1月25日、江戸を出発。一行は忠敬のほかに16名であった。内弟子は伊能秀蔵以外は、第5次測量帰府後に破門されたので入れ替えとなった。芝山と青木が加わる。青木勝次郎は絵師で、描図用の沿道風景の描写を担当した。現在残っている忠敬の肖像は、この青木の筆である。

●文化6年版伊能図

第6次測量の後、文化6年に提出された伊能図は、大図23枚、中図1枚、小図1枚であるという（大谷亮吉）。現存するのは大図6枚（大和2枚、伊勢2枚、気賀《きが》街道2枚）、四国淡路島の中図・小図、各1枚のみである。大図の23枚は、たぶん類似の別図10数枚の数え違いである。測量隊の体制は完備していたが、地図の作製数は意外に少ない。この後も、文化8（1811）年の九州第1次測量の大図は21枚、中図、小図各1枚、そして九州第2次測量時の大図は約10種くらいである。

これは、各測量旅行の間の江戸滞在期間が短かったことも原因の

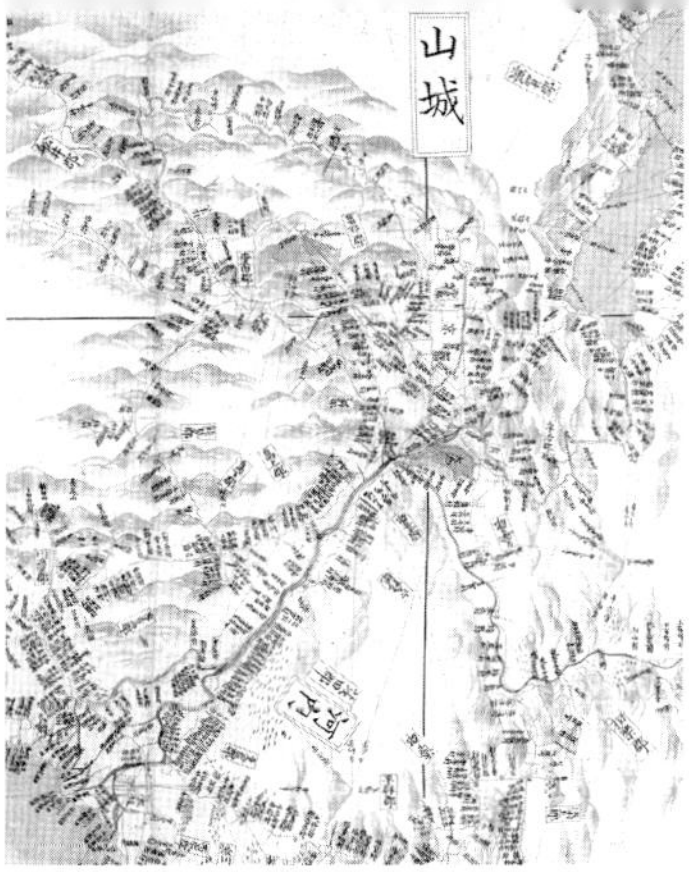

最終版中図・部分・京阪地区　この地域は、中国・四国・九州測量の往復の途中で新しい測線を追加したために、測線の密度が濃くて地名も多い。地図合印も天測地点の☆印も完備している。（成田山仏教図書館蔵）

文化5（1808）年1月25日、江戸を出発した伊能隊は、浜松まで測量せずに進む。浜松から気賀街道（姫街道）を測って御油に出る。２月24日に大坂に到着し29日に出発、舞子浜を経て淡路島の岩屋に至る。3月5日から淡路島東岸の測量を始め、福良、鳴門と測進し、阿波の撫養に渡った。

その後、四国沿岸を測量しながら南下して、21日に徳島到着。翌月21日には室戸、5月6日には高知城下に着く。28日に赤岡から坂部支隊を分派して、伊予と土佐の国境の笹ヶ峰まで四国縦断路の測量をした。その後、下田、宿毛、宇和島、八幡浜、佐田岬を巡って8月11日に松山に到着する。

松山からは伊予北岸と周辺の諸島を測量し、今治を経て9月11日に川之江に達する。ここで、ふたたび坂部隊を四国縦断測量に派遣。丸亀を通って10月1日には塩飽諸島で日食を観測し、11月21日には大坂に着く。ここで半月あまり病気休業中だった伊能秀蔵を江戸に帰した。

11月26日には大坂を発ち、法隆寺、大和郡山を経て、奈良や大和路を測りつつ有名な社寺に参詣した。桜井、伊賀上野を経て12月27日に伊勢到着。山田に出て越年し、元日には忠敬と下役一同、麻裃に威儀を正して内宮・外宮に参拝した。文化6年1月18日に江戸に帰着。

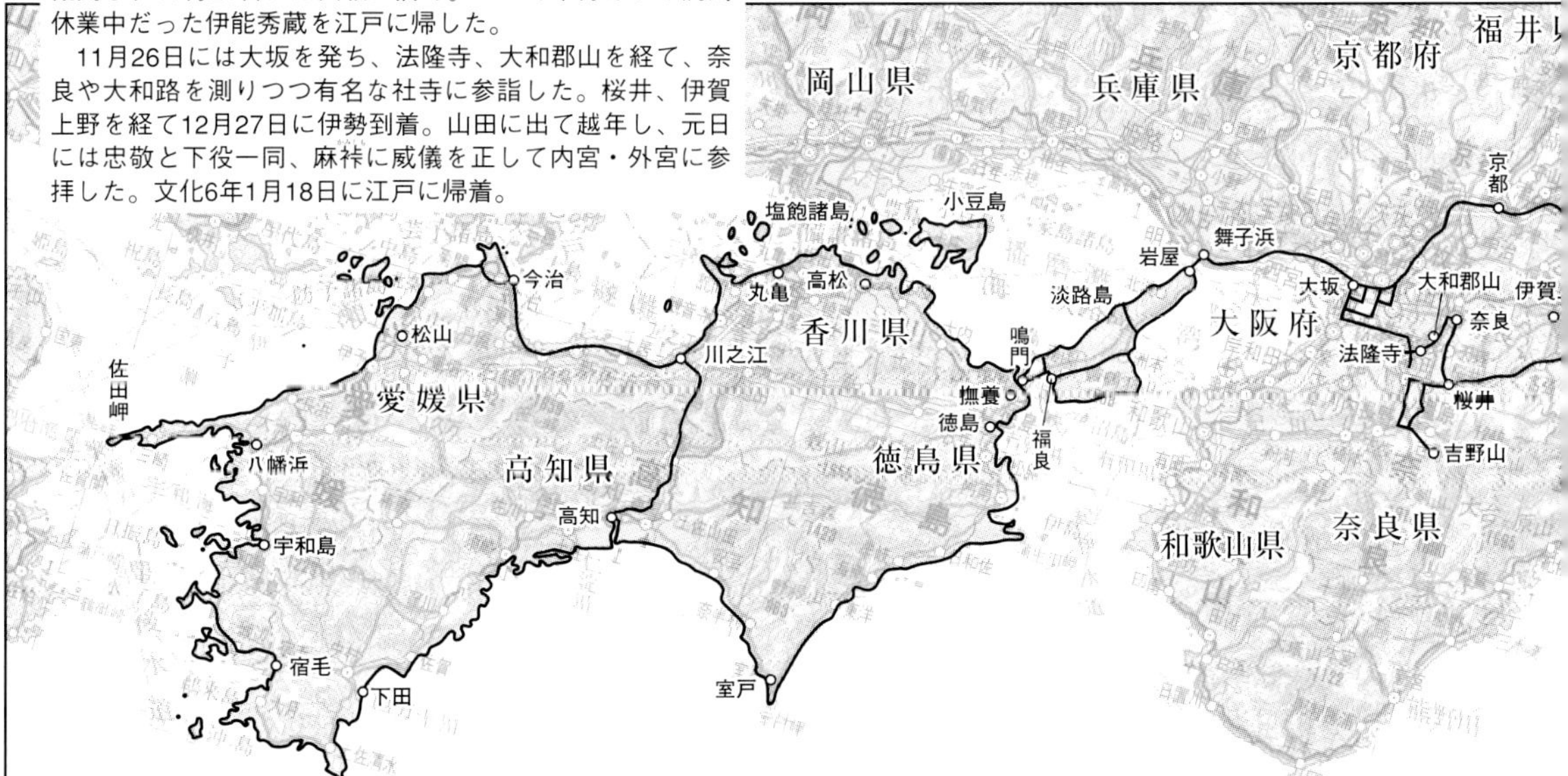

一つだが、遠隔地の測量の帰途を利用して中部・畿内・中国や九州の内陸部の測線を増やしていたので大改訂が必須だったからであろう。中間報告図の作製にはあまり力を入れなかったようである。

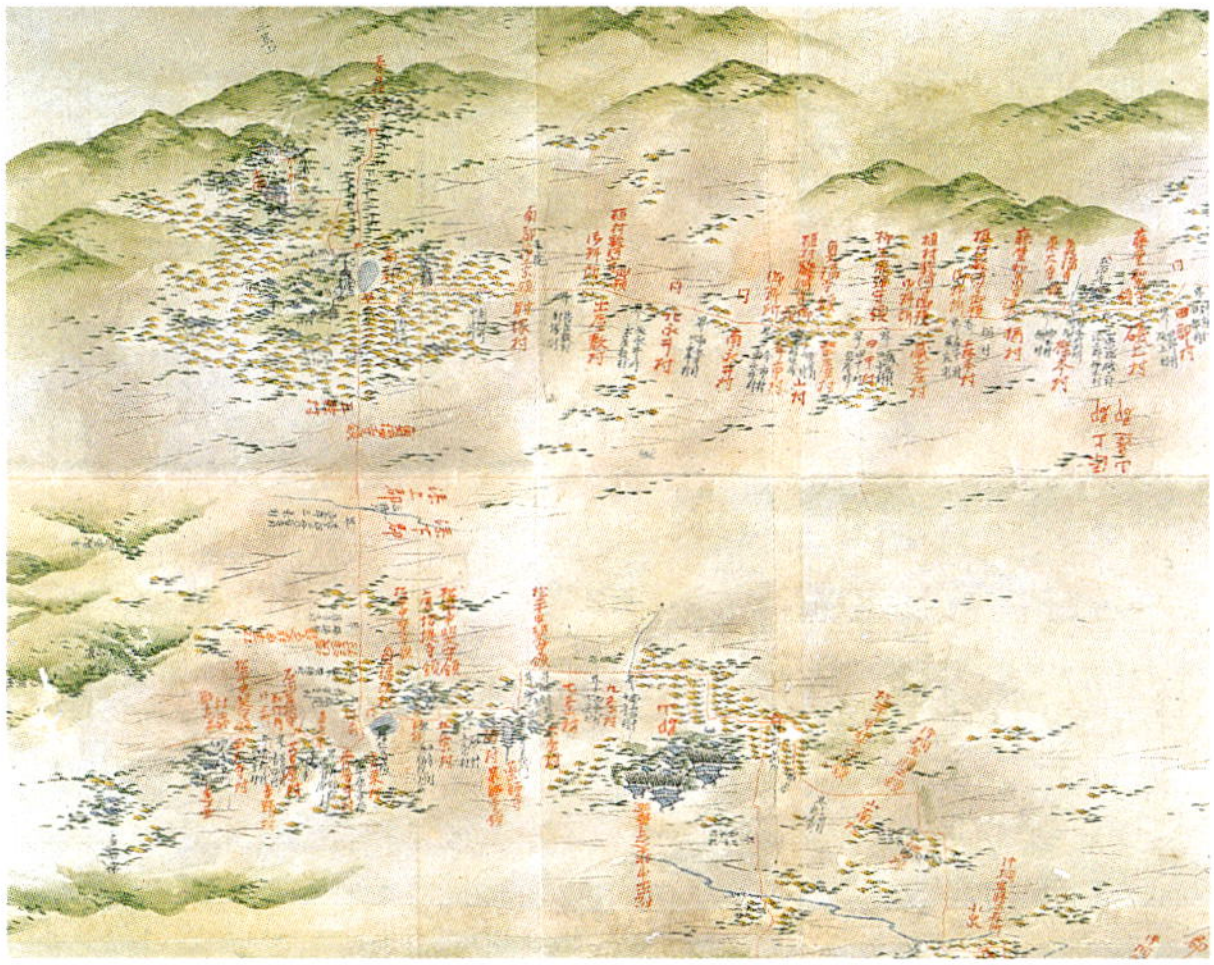

文化6年版・伊能大図「大和街道図」部分（奈良付近）　奈良市街が絵画的に描かれ、郡山城も見える。墨の地名を朱でふたたび大きく書き込む。明るい彩色で試作的に描いた後、文字の大きさを変えてみたのではないか。（国指定重文・伊能忠敬記念館蔵）

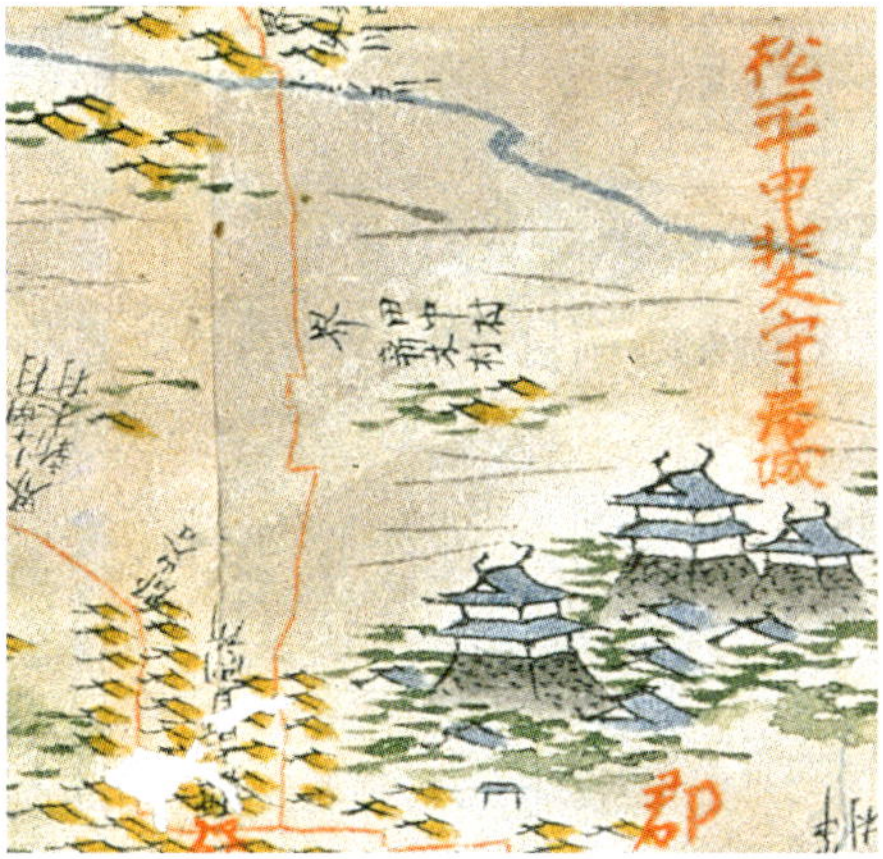

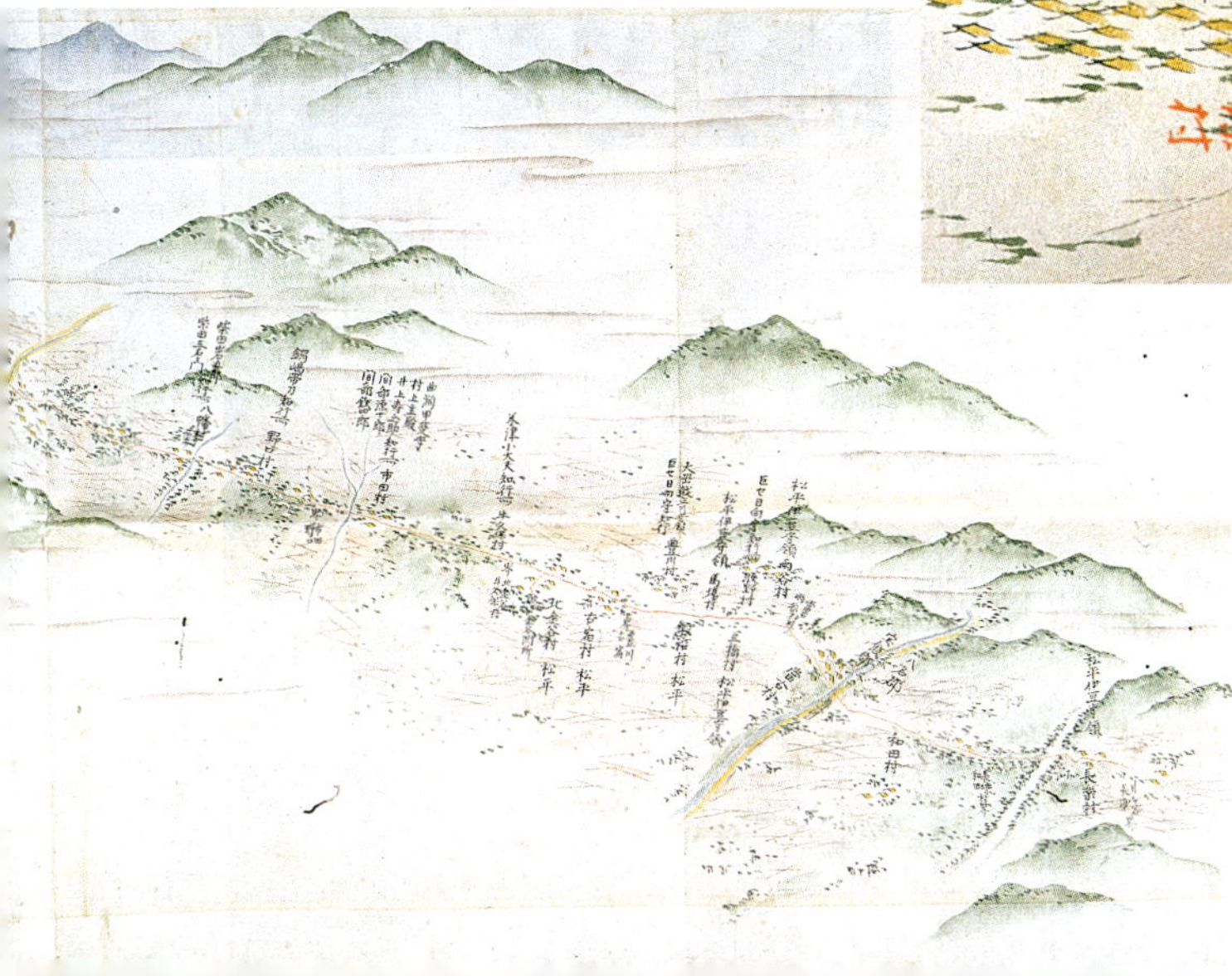

文化6年版・伊能大図「気賀《きが》街道図」）部分　気賀街道は姫街道とも言い、浜名湖を渡る今切の渡しを避けて浜名湖の北側を迂回する街道。（国指定重文・伊能忠敬記念館蔵）

第7・8次測量——九州の旅

●九州第1次測量——九州東南部

四国方面の地図作製を終えると、文化6（1809）年8月27日に江戸を出発して九州測量に向かった。隊員は忠敬のほかに17名だった。

●九州第1次測量の伊能図

九州第1次測量にともなう上呈図は、九州東南部の大図21枚、小図・中図各1枚で、東京国立博物館に現存する。同一地域の大、中、小図が揃っている珍しい例である。その他では、徳島大学附属図書館が大図3枚（豊前の部分）と中図1枚を、京都大学図書館が中図1枚（稿本）を所蔵するくらいである。個人所有の小図があるという古い報告があるが確認されていない。

●九州第2次測量——屋久島《やくしま》・種子島《たねがしま》・五島《ごとう》列島

文化8（1811）年11月25日、伊能隊は、屋久島と種子島および九州の未測量地域を測るため、江戸を出発した。従った隊員は合わせて19人であった。人足5人、馬7頭、長持ち2棹を利用できる御証文を持参した。旅行日数は914日で、10回の伊能測量では最長の測量行であった。

●測量最大のイベント

屋久島・種子島測量については、諸藩への当初の通達（文化2年）には、壱岐《いき》、対馬《つしま》、天草《あまくさ》、五島は明白に書かれているが、種子島、屋久島はなかった。しかし最近、伊能記念館の「高橋御用書簡集」の袋とじの中から、新たに薩摩藩関係の2通の書付が発見され、屋久島・種子島測量が強行された経緯を知ることができる。

それによると、屋久島・種子島への渡海が難しいのは初めから分かっており、難しければ測量しないこととして出発していた。薩摩に着くと、付き廻り役・野元嘉三次は渡海が難しいことを述べ、できれば取り止めを忠敬に陳情した。忠敬の申請を受け、景保は2島の測量中止を上申する。

高橋景保は文化7（1810）年9月に幕閣に「手附伊能勘解由《かげゆ》薩州領島々渡海の儀伺い上げ奉る書付」を出して両島の測量取り止めを伺った。ところが、幕閣の回答は、測量を実施せよというものであった。「西薩州領の二島、このたび御見届け候様仰せ渡され承

九州沿海図（大図・第10図）部分・鹿児島付近　第7次（九州第1次）測量が終了した文化8（1811）年に上呈された大図21枚は、九州沿海図と名づけられている。第10図は錦江湾周囲であるが、ここでは鹿児島付近を拡大して示す。島津侯の居城が描写されている。（国指定重文・東京国立博物館蔵）

伊能大図（文化8年版・中津）部分・竹田津付近　豊前国沿海地図という名称で保存されている。徳島藩主の蜂須賀家が旧蔵していた九州第1次測量後の上呈本の副本。針穴がある。東京国立博物館蔵の九州之内六箇国沿海地図と、彩色や描図形式は同じだが、このように部分拡大すると断崖の筆致がリアルに分かる。縦85×横166cm。（徳島大学附属図書館蔵）

知奉り候」と記している。

薩摩藩主に対しても「時候を見て二島を測量させるように」と通達された。地図制作という技術的な目的以外に薩摩藩を牽制するため、この際、見届けよと言われたのである。伊能隊もご苦労であったが、薩摩藩も万全な体制で受け入れ支援をしなければならなくなった。

●屋久島・種子島渡海

渡海のための船団は、大形帆船8艘であった。山川《やまがわ》湊で3月14日から7日間風待ちをした後、22日に船出したが、佐多岬まで8里（32km）ばかり行ったところで逆風となり、山川湊に引き返す。26日まで風待ちして、翌日六つ（朝6時頃）後に出船、屋久島の東岸の安房《あんぼう》村に四つ前（午前9時半頃）に着く。

ようやく29日から忠敬隊、坂部隊と南北に分かれて測量を始める。屋久島は全島が山岳で海岸線に平地や砂浜がほとんどない。伊能隊は主として島周の道路を測量したが、岬とか絶壁が道路から離れて突出したところでは、船で海側から遠測してだいたいの位置を測った。海が荒れていると海側から遠測すらできなかった。4月12日、測量を終える。屋久島測量の所要日数は13日間であった。

15日からは種子島へ渡る風待ちに入る。約20kmしか離れていない種子島に渡るために11

隊を出して都城方面の街道を途中まで測る。一方の本隊は日南海岸を南下し、都井岬を廻り内之浦付近に出る。そのあと大隅半島を横断し、鹿屋を経て半島西岸を南下、佐多岬を測定して内之浦に戻り、測線を連結する。ふたたび大隅半島を横切り、都城方面に支隊を派遣して先述の測線とつなぐ。鹿児島湾北部を廻り6月23日に鹿児島城下に到着。

鹿児島では桜島測量を含めて10日間滞在する間に、恒星と木星を観測した。その後、薩摩半島東岸を南下、7月9日に山川湊に着くが、その先の屋久島と種子島への渡海予定は風向きに阻まれたので、予定変更し枕崎方面に向かう。薩摩半島南岸と西岸半分を測量した後、串木野付近から甑島に渡る。8月1日から29日まで同島を測量し、串木野に戻る。ここから本隊は海岸線を北上、支隊は鹿児島経由で肥薩街道を通って肥後に入る。両隊は合同して獅子島から天草へ渡り、11月15日に全島の測量を終える。屋久島と種子島の測量は断念し、分隊して肥後海岸、肥薩街道、肥筑街道を測り、12月29日に大分で合流して越年した。

翌正月4日に大分から中国地方へ出発し、本州内陸部の主要街道を測量しながら帰府した。最終ルートは甲州街道で、新宿に到着したのが文化8年5月8日だった。

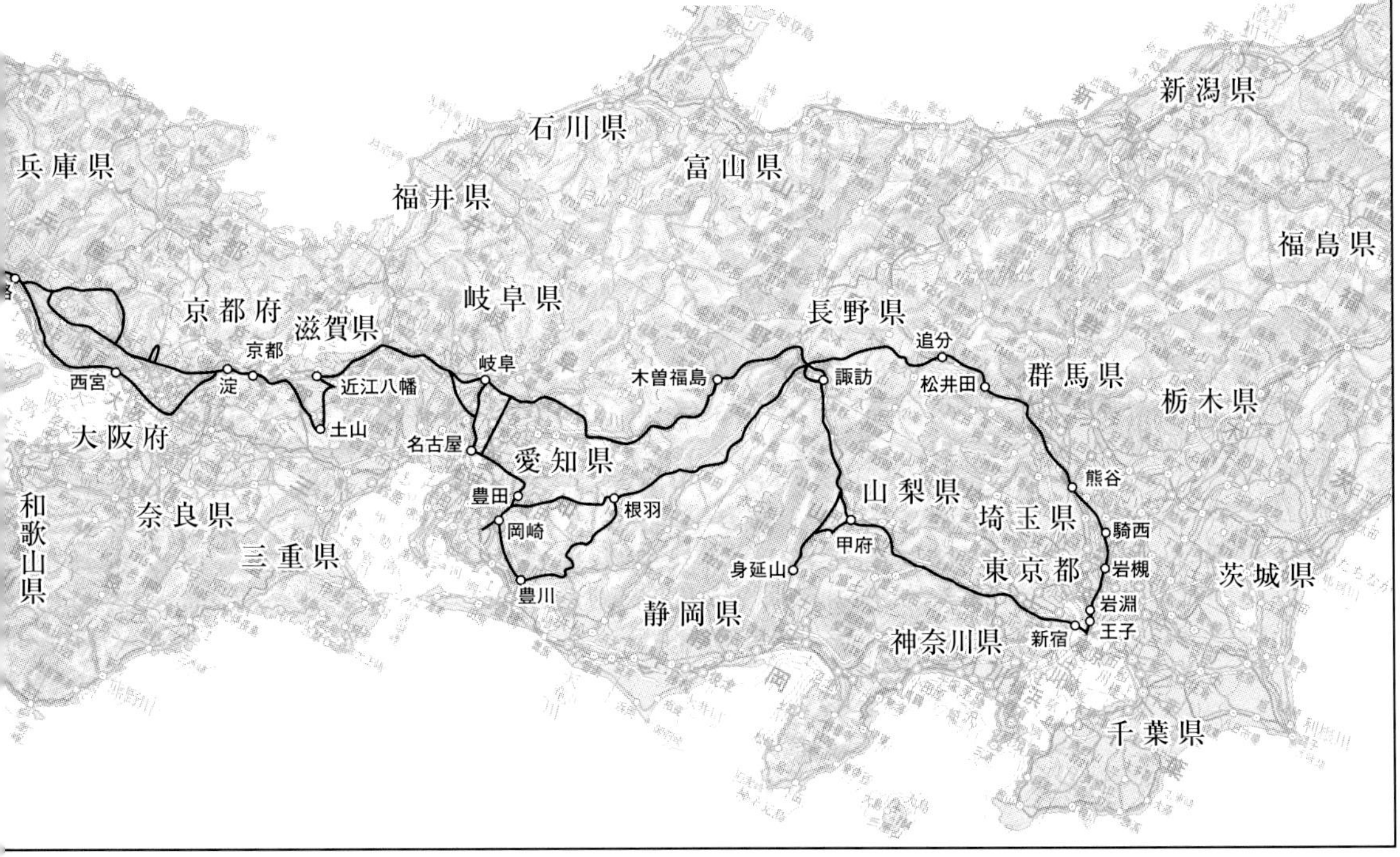

日の風待ちをする。26日、風がよいので出船したが種子島の近くで逆風となり、予定した西面村（西之表《にしのおもて》市）の赤尾木に上がることができず、約30km南の島間《しまま》村に上陸する。

島内の測量には、鹿児島からの付き廻り役人のほかに、種子島家からも膨大な人数が付き廻った。測量は両隊とも5月9日までに終了。この後、12日間風待ちをして、22日、赤尾木を出帆し山川湊着。翌日、鹿児島に着く。薩州侯から慰労として、御料理、国産品を銘々に贈られた。

●副隊長・坂部貞兵衛《さかべていべえ》の客死

伊能隊は北九州をすませてから壱岐に渡り、56日かかって対馬列島の測量を終えた。文化10（1813）年5月23日に五島列島最北端の宇久島《うくじま》に到着する。二手に分かれ忠敬隊は南側を、坂部隊は北側を南に向かって測量を開始した。北側のほうが崖が多く測りにくい地域である。坂部隊はいつも難所を引き受けていた。

6月20日、坂部隊は五島列島中央部の日之島《ひのしま》という平戸藩の代官所があった小さな島に着く。忠敬隊は近くの奈留島《なるしま》泊まりである。24日、坂部の体調がくずれる。「坂部、風邪引籠もり」と日記に出てくる。

6月26日に坂部が日之島から忠敬に出した手紙が残っている。白分の病状は「はかばか

九州第1次測量となる第7次測量は、江戸郊外の王子から始められた。岩淵の渡しを越え、岩槻、騎西、忍を経て熊谷に至り中仙道に入る。近江に着いてからは、中仙道と東海道を結ぶ御代参街道を武佐から土山まで測る。その後は測量を省き11月5日に淀に着く。淀から西宮、山陽道を赤間関、豊前小倉へと進み、越年して14日間滞在してから、九州測量を開始する。

中津、杵築、大分、佐賀関、臼杵、鳩浦（津久見市）と測進する。ここで3月1日の日食の観測準備をしたが、天候不良で失敗。3日に測量を再開する。この付近は海岸線が複雑で作業が難航し、日向・延岡に到着したのは4月8日だった。18日に佐土原、27日に飫肥（日南市）を通り、支

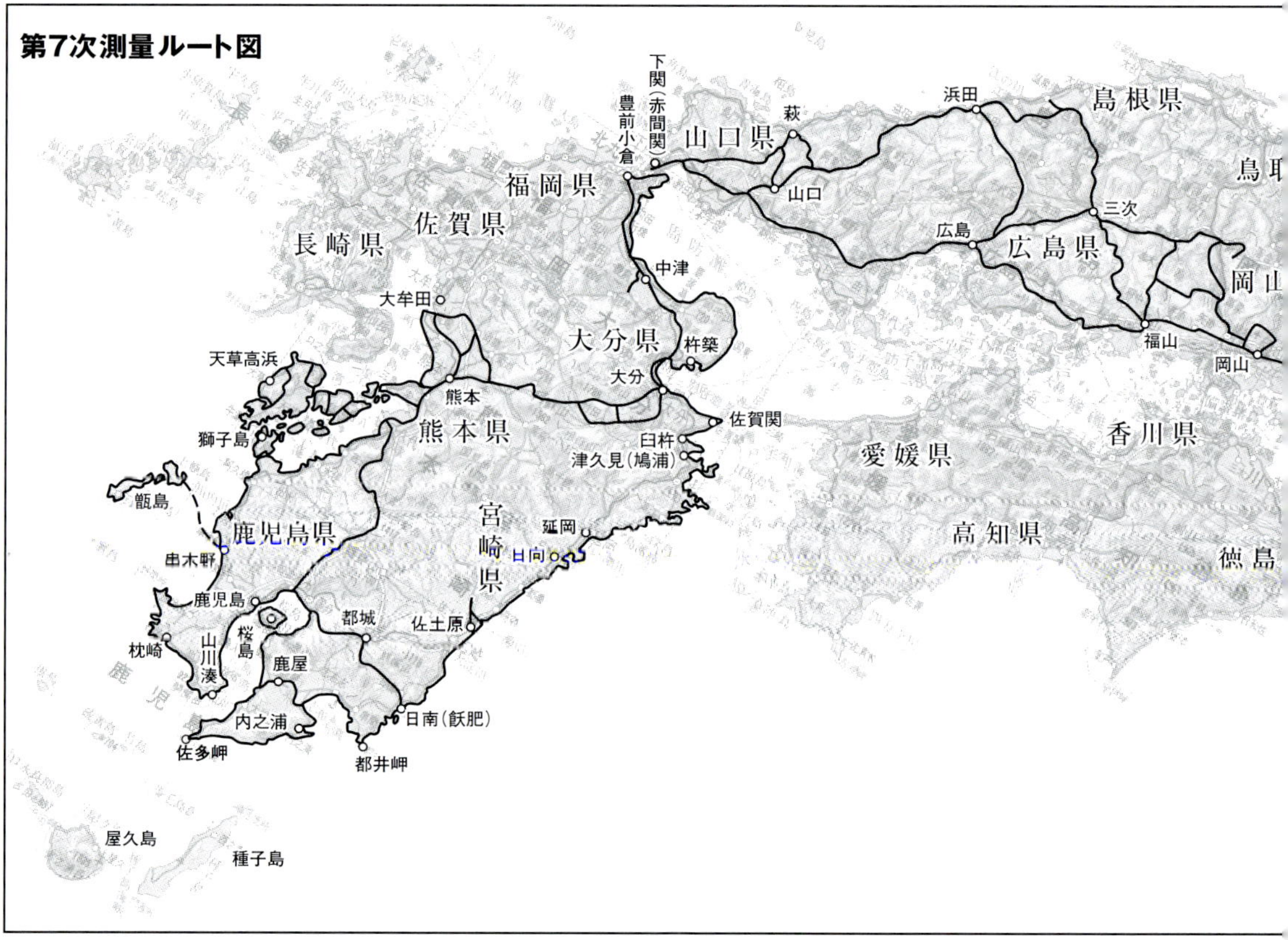

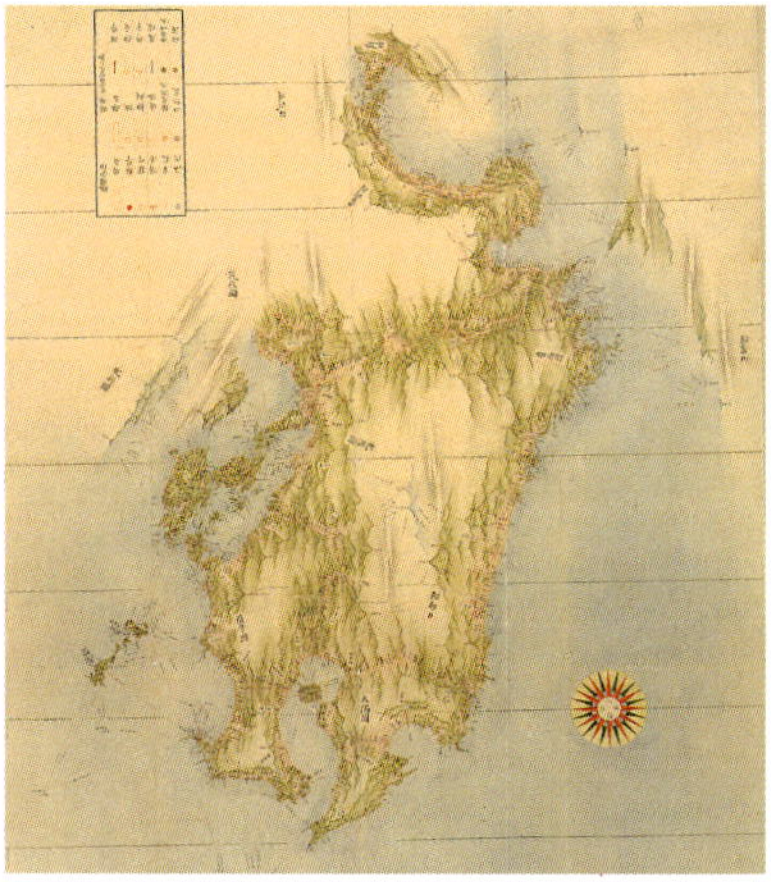

九州之内六箇国沿海地図・中図　文化8（1811）年に上呈された九州の中図。種子島と屋久島を除く東南部と熊本・天草地方だけが描かれている。縦191.3×横164cm 。（国指定重文・東京国立博物館蔵）.

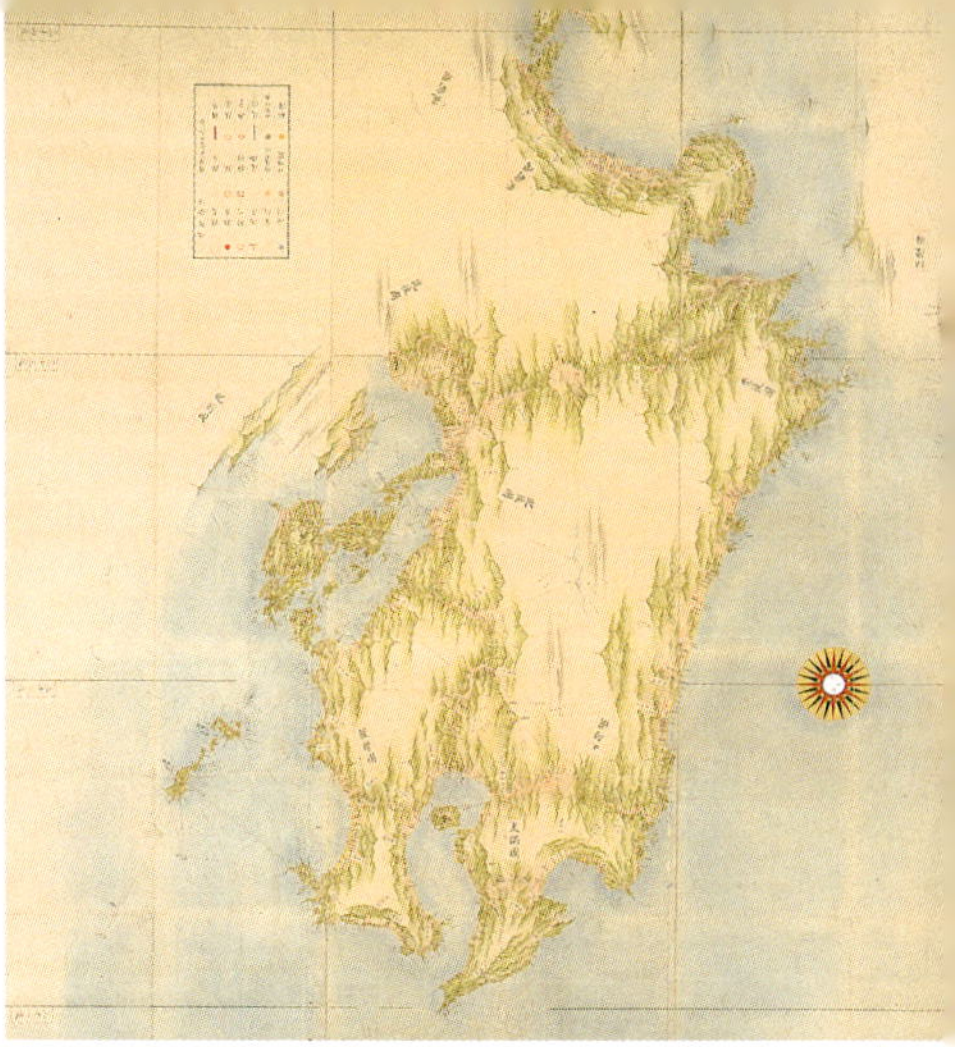

九州之内六箇国沿海地図・小図　文化8（1811）年に上呈された九州の小図。縦114×横81.7cm。（国指定重文・東京国立博物館蔵）

る。鹿児島からはふたたび北上して、九州内陸部を縦横に測り小倉に戻る。博多、唐津、伊万里と進んで佐賀から久留米に出る。続けて有明海沿いを西進し、鹿島、諫早を通って島原半島を一周し大村へ至る。大村湾の西岸と東岸を手分けして測量した後に、佐世保で越年した。

年明けには、周辺の島々を測りながら平戸に向かう。平戸島と松浦地方を廻って、3月13日に壱岐に渡る。15日間の測量後に対馬へ渡り、56日間で全島を測り終えた。5月24日、五島列島の北端の宇久島から福江島に向けて測量を始める。五島列島の測量は7月30日まで70日間かかった。西彼杵《にしそのぎ》半島の西側を測量しながら長崎に着く。長崎半島を一周してから、別路を通って小倉に到着。赤間関（下関）からは、中国地方の内陸部を横切り測量しながら帰府の途に着いた。11月8日の広島から、松江、米子、鳥取、津山、岡山とめぐり、姫路城下で越年する。

さらに翌年からは北上して、西脇、生野、福知山、宮津を通って京都に戻る。3月19日に東海道から津に南下し、ふたたび北上して岐阜、大垣、下呂、高山へと進む。古川まで行って反転し、4月20日に野麦峠を越えて木曾谷に入る。藪原、洗馬、松本と進み、善光寺に参詣する。飯山城下に足を延ばしたのち須坂、松代、追分、富岡、大宮、川越を経て、ようやく5月22日に板橋宿へ帰着した。

九州第2次測量の特徴は、屋久島と種子島の測量が強行されたことと、五島列島の測量中に副隊長・坂部貞兵衛がチフスにかかって死亡したことである。坂部は伊能測量ただ一人の犠牲者だった。

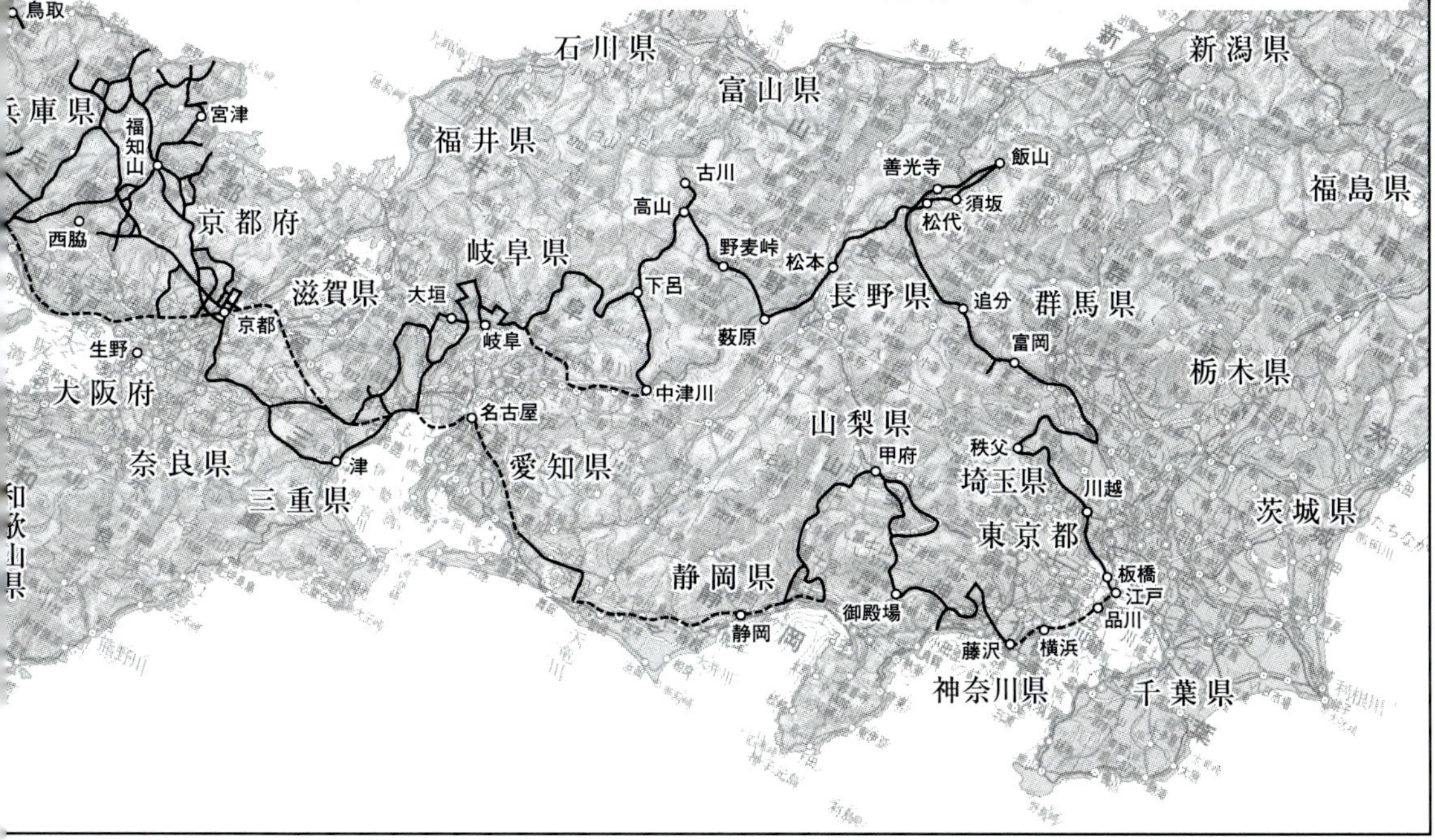

種子島と屋久島（最終版中図）　種子島では島内の2カ所で横切り測量がおこなわれ、周回測量の精度を高めている。また両島とも、本土との間に無数の方位線が走っており、既測の地点からの方位を検測して島の位置の確定に務めたことが分かる。（成田山仏教図書館蔵）

坂部貞兵衛の墓
（的野圭志氏提供）

宗念寺　長崎県福江市内の寺で、第8次測量の途中で病没した副隊長・坂部貞兵衛の墓がある。（福江市・的野圭志氏提供）

最初は東海道を西に向かったが、品川まで娘の妙薫、長男の嫁おりてをはじめ、親類縁者と暦局の関係者のほかに間宮林蔵が見送りに出た。間宮林蔵は、第7次（九州第1次）測量の帰着後に伊能忠敬の測量術を習うために忠敬宅に住み込んでいた。このあと蝦夷地測量に出発している。

伊能測量隊はまず藤沢から大山街道に入り、阿夫利神社まで測ってから御殿場に出る。富士山麓の道筋を測った後に、無測量で東海道と山陽道を経由して小倉に着く。

小倉からは手分けして北九州内陸部を南下測進し、忠敬本隊は大口から、坂部支隊は串木野から鹿児島に入る。山川湊を経て3月27日にはようやく屋久島に渡った。ついで4月26日に種子島の測量を開始し、5月23日に鹿児島に戻

第8次測量ルート図

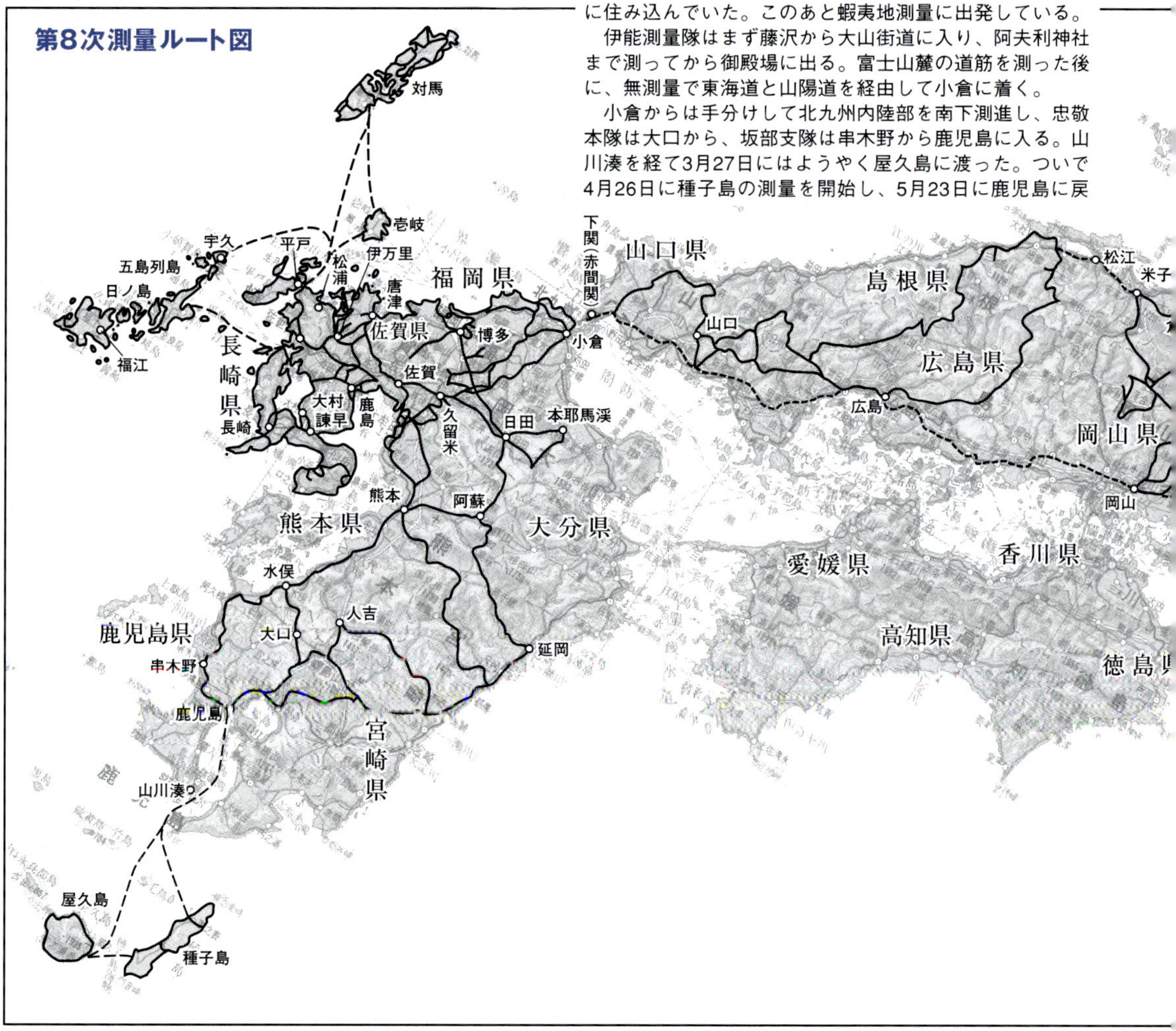

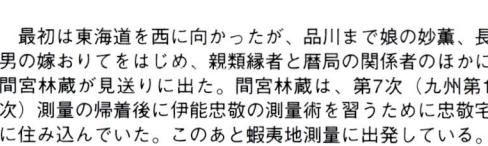

しくないので、明日、日之島を引き払い、薬を変えたいと思っている。日之島でもたいがいの薬を飲んだが、医者が藪《やぶ》医者なのと自分が不信仰なので一向に効き目が現れない。この宿は大家だが古い家で、先日の大雨の時には座敷中雨漏りして、寝る所もなかった。便所は14～15間（約25m）も離れており、高い縁をやっと降りて通う始末。また、床の周りを数万の蟻が歩いている。明日はほかの者は久賀《ひさか》泊まりだ。日之島を早々に引き払い、福江島《ふくえじま》に移って服薬し、福江市中をお巡りの折りは間に合うようにと思っている。云々」とある。27日に坂部は治療のために福江に移ったが回復せず、この手紙が最後となった。坂部の病気は忠敬の手紙から判断すると、チフスではないかと言われている。

7月15日、八つ半（午後3時半）頃、副隊長・坂部貞兵衛は福江に客死した。五島藩は、幕臣・坂部貞兵衛の落命に対し、3日間、歌舞音曲を停止して弔意を表した。忠敬は測量日記に「坂部は病気養生あいかなわず、福江町において命終わる」と簡単に記しているが、声が出ないほど落胆していた。翌16日の夕方に葬儀をおこない、福江町の浄土宗芳春山宗念寺に丁寧に葬った。

五島列島（最終版中図・部分）　図の中央部にある小さな島が日ノ島で、ここに代官所が置かれていた。（成田山仏教図書館蔵）

●九州第2次測量の伊能図

九州第2次測量により、日本の沿岸部の測量は完了した。いよいよ日本全図にとりかかることになるが、九州第2次測量だけの図としてはほとんど残っていない。島嶼部分などの試作品のような大図数枚が知られるのみである。

第9・10次測量――伊豆七島と江戸府内

●伊豆七島測量（第9次測量）

伊豆七島を測量した第9次測量は、文化12（1815）年4月27日に江戸を出立して始まる。遠距離の渡海をともなうので、高齢の忠敬は参加をとりやめる。一行は永井甚左衛門を隊長とし、門谷清次郎、内弟子・箱田良助、保木敬蔵ら総員11名であった。

●最後に江戸を測る（第10次測量）

伊豆七島の測量の前の文化12年と、伊豆七島測量後の文化13年に、江戸府内の測量がおこなわれた。全体的には第10次測量となる。文化12年は予備測量と言われているが、本測量を意識しておこなったわけではなかった。

日記の最後に、「江戸測量終わる」と書かれている。この測量により江戸府内の街道間の繋測は終わり、日本全図は確実に完成させることができるようになった。翌年おこなわれる江戸府内の枝線の測量を、忠敬はこの時は考えていなかったと思われる。

最初の測量は2月3日から2月19日まで17日間かけて、主要街道の始発点に接続する道路、たとえば東海道では高輪《たかなわ》の大木戸《おおきど》より日本橋まで、甲州街道なら四谷の大木戸より日本橋までを測量して、街道の始発点相互間を接続した。

江戸府内第2次測量は、最初の測量で作製した江戸府内の街道繋測図を幕閣に見せたところ、気に入られて測量が始まったという。忠敬自身としては、関西地区は隅々まで詳しく測っているのに、個人事業時代に測った関東地区は、利根川をはじめ多数の河川や霞ヶ浦ほかの主要湖沼さえ測量していないので、補完測量をしたかった。景保を通じて提案していたが、幕閣は江戸図を優先した。

第2次測量は翌文化13年の8月8日から10月23日まで74日をかけておこなわれ、江戸府内図作製の資料を得た。この測量に忠敬は孫の忠誨《ただのり》をともなって時どき出役したことが記されているが、測量場所など具体的な記録はない。また、江戸府内図の凡例には高橋景保と下役の名前はあるが、忠敬の名前がない。江戸府内測量では忠敬は街道始発点間の距離を測った第1次測量の後は、ほとんどを下役と弟子に任せたのではないかと考えられる。

第9次測量ルート図

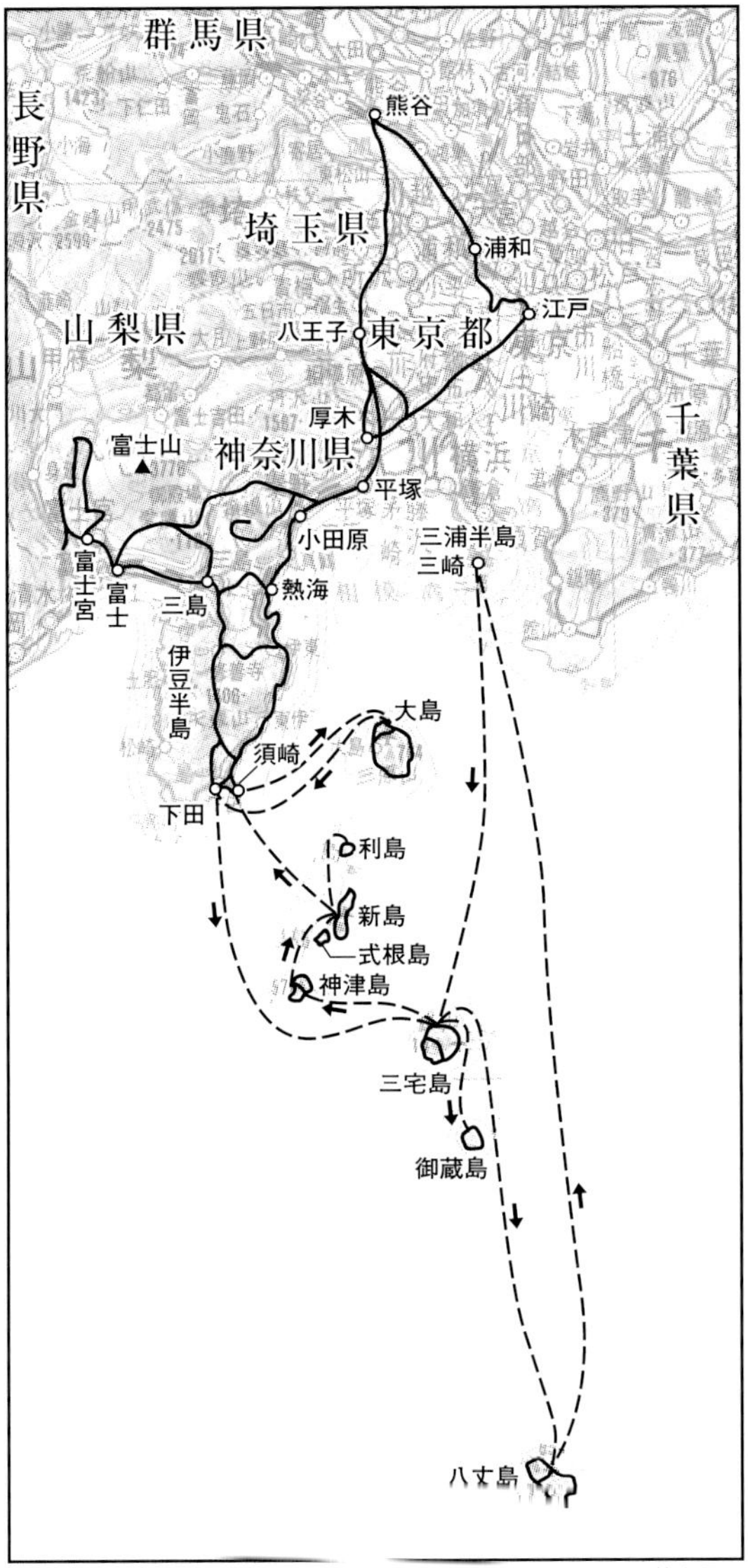

江戸を発ってからは東海道を下り、三島から下田街道を測進して5月8日に下田に到着する。風待ちに10日間を費やして三宅島に渡る。ついで同月22日に八丈島へも渡海して全島測量をする。三宅島から八丈島までは順調だったが、八丈島からの帰りは風に阻まれて約半月も待たされた。ようやく船出すると、今度は風がなくなり黒潮に流されて3日間漂流する羽目になる。7月3日にやっと三浦半島の三崎に上陸したが、ここでさらに1週間風待ちして、11日三宅島に渡る。御蔵島、神津島を測り、9月11日から新島、同14日から利島を経て、21日に新島に戻る。

次に大島へ渡るために風を待って船出したが、流されて下田近くの須崎にたどり着く。10日間の風待ちの後、10月21日に大島に上陸。大島測量から下田に戻り、伊豆半島の東岸を測って熱海で越年する。最後に富士山の裾野と箱根周辺から関東近郊を測進して、文化13年4月12日に江戸に帰った。

伊能特別大図・伊豆大島
（国指定重文・伊能忠敬記念館蔵）

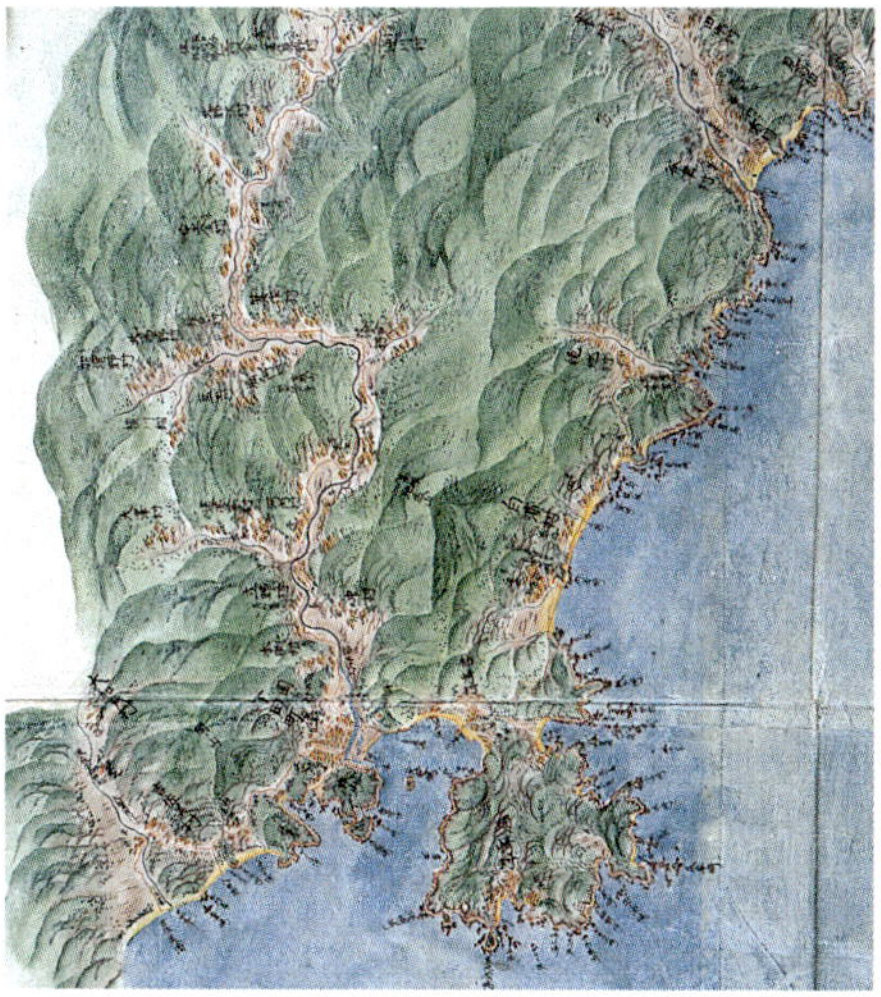

伊豆半島東岸・大図（部分・下田付近）
正式な名称を「自豆州加茂郡吉佐美村至相州足柄下郡小田原宿沿海地図」という。伊豆七島測量（第9次測量）の帰途に作った華麗な図である。（国指定重文・伊能忠敬記念館蔵）

伊能特別大図・伊豆大島　新島村は現在の元町。近くに愛宕山が見える。

江戸府内図（南部）　写本。本来は忠敬が意図していなかった縮尺6000分の1という超大型の地図。南北2図からなり、各図は2m×3mほどである。精度が高く絵画的であるが、説明用の書き込みは他の多くの江戸図ほど豊かではない。（国土地理院蔵）

第7章

最終版伊能図の完成

大日本沿海輿地全図

最終版伊能図は、文政4（1821）年に幕府に提出された。正式な名称を大日本沿海輿地全図という。地図の提出と同時に大日本沿海実測録という実測記録も提出した。伊能図の最終版である大日本沿海輿地全図（最終版と略す）は大図214枚、中図8枚、小図3枚の膨大なものであった。

忠敬は文政元（1818）年に病没していたので、上司の高橋景保《かげやす》の監督の下で関係者によって作業を継続して制作された。景保は忠敬の孫忠誨《ただのり》（息子景敬《かげたか》もすでに没していた）と下役らをともなって登城し、老中・若年寄の前に、西日本全部を接続して提示し、上呈を終わったという。この時は将軍の閲覧はなかった。また、東日本も含めて展示するには、江戸城の大広間でも狭かったのである。また、東日本はすでに報告済みの地図と同じであったから省略されたのであろう。報告後は、地図を城中に置いて退出したというから、御書物奉行が管理する紅葉山文庫に入れられたのであろう。景保は御書物奉行も兼務していた。

●最終版伊能図の謎

これらは幕府から明治政府に引き継がれ、皇居の紅葉山文庫にあったが、明治6年の皇居炎上の際に焼失したと言う。しかし、紅葉山文庫の最終版伊能図の焼失については、不思議なこともある。同じ紅葉山文庫にあった他の内容の低い伊能図、たとえば日本海路測量之図（沿海地図小図のあまり丁寧でない写本）とか、幕末の筆写と思われる蝦夷地の大図の写本などは、国立公文書館内閣文庫に残っている。江戸城火災の際、いくら伊能図のボリュームが多いからといっても、写本類を持ち出して、よいほうを燃やしてしまったのであろうか。当時から伊能図は有名であったし、誰が見ても伊能図の価値は分かったので、あるいは明治維新の混乱の際にでも誰かにこっそり持ち出され、明治6年にはすでになかったのかもしれない。

そして明治初年になって、急速に地図整備の必要から、伊能家にあった控え図（副本）を提出させたが、これは東京大学に保管中に関東大震災で焼失したというのが通説となっている。しかし、東大の総合研究博物館に出所不明の伊能中図7枚が残っており、そのうち、蝦夷地の2枚を除く5枚は針穴本で、仕上げも丁寧な図である。筆者は、焼けたと言われている伊能家提出の控え図の可能性が高

最終版伊能図までの歩み

伊能忠敬の測量隊は第3次測量を除いて、測量の都度、測った地域の地図を制作している。制作された伊能図の種類は約400種にもおよんでいる。これらのうち、副本、写本、稿本、模写本の形で残っているものは約270種である。最終版伊能図にたどりつくまでの諸図について、特徴や全体の位置づけなどを概観してみよう。

寛政12（1800）年の図はすでに述べたように簡単な図であるが、伊能測量を周囲に認識させた図である。享和元（1801）年の図は本州東岸を正しく描き、伊能測量を準幕府事業に引き上げることになった。

第3次、4次測量は準幕府事業として実施され、日本東半部沿海地図として大成功し、将軍上覧の栄誉を受ける。

第5次測量以降は忠敬は幕臣となり、幕府測量隊として巡国する。複雑な海岸を丁寧に測り、一段と華麗さを加えた中国沿海地図や畿内図を作る。あわ

いと考えている。このように、通説とされながら明解な説明のないことが、忠敬と伊能図の周辺には多い。研究が進むよう望んでいる。

●最終版伊能大図

最終版の大日本沿海輿地全図大図はすべて失われたとされてきたが、二〇〇一年に筆者らの調査で、米国議会図書館に大量207枚の大図模写本が存在することがわかった。

明治期に、近代地図制作の基礎とするために作られた実用的な模写図で、内容は簡略であるが、国内にはない約140枚の新しい大図を含んでおり、ほぼ伊能図の全貌を眺めることができるようになった。

国内に現存する大図は次のとおりである。

最終版大図で来歴が確かなものは、長崎県平戸市の松浦史料博物館所蔵の壱岐、五島、長崎・佐世保および平戸領を描く5舗（松浦大図）にすぎない。壱岐を除いては最終版大図と描画範囲が一致しないかもしれないが、本図には添え書きがあって来歴は確かである。平戸藩主・松浦静山から忠敬に依頼があり、忠敬の没後、文政5（1822）年に内弟子・保木敬蔵の斡旋で高橋景保から提供されたものである。忠敬の在府中の日記にも、平戸藩の招待で出かけた記録がある。最終版提出以後に作られた伊能図であるが、針穴があり、伊能隊の下河辺政五郎が中心となってまとめたもので、完成度が高く、副本と考えられる華麗な図である。

これまで存在を知られていた大図は、国立歴史民俗博物館蔵の秋岡コレクションに写本5舗（歴博大図）、山口県公文書館毛利文庫に7舗（針穴あり。毛利大図）、平戸の松浦史料博物館の5舗（松浦大図）を加えて合計17舗にすぎなかったが、1997年秋に気象庁で43枚の大量の大図が発見され、国立国会図書館に移管された（国会大図）。この図は明治の初期の写本であるが、丁寧な写しで、毛利大図、松浦大図と比肩する。合わせて60枚（1枚重複がある）となった。

歴博大図は、長野県の飯山、兵庫県明石、岡山県の児島湾付近の従来の3図に、これまで寛政12年大図とされてきた大田原と福島を合わせて5舗である。大田原と福島は、気象庁で発見された大図と比較対照して考えると、最終版の写本と見たほうがよいという（元国会図書館課長・鈴木純子氏）。いずれも描図や彩色ともよい写本で、描図の感じから国会大図と同じ時期の写しと推定できる。飯山は国会大図と重複している。

毛利大図7枚は毛利藩に伝えられたもので、藩領の防長両国の分である。「御両国測量絵図」と題して保存されている。最終版大図の区割りとほぼ一致する。描図は丁寧で彩色も美しく針穴がある。毛利侯の依頼により伊能

COLUMN

せて、諄呈用の琵琶湖図、天の橋立、厳島《いつくしま》図を制作した。

第6次の四国測量では、四国の中・小図のほか、大和、伊勢、気賀街道の大図各?枚を作製した。この時の大図は非常に派手で明るい感じである。

第7次測量では、屋久島・種子島を除く九州東南部と天草を測量し、大図21枚と中図1枚、小図1枚を作る。この図は同一地域の大、中、小図が揃っている稀な例である。

第8次の九州第2回測量では、本格的な対象区域の全体図は作られなかった。

第9次測量の伊豆七島の測量の後では、伊豆七島の特別大図と伊豆半島東岸の大図が作られた。

最後の江戸府内測量では、忠敬は弟子たちに作業を任せたが、6000分の1の巨大図ができあがる。

これより前の文化7（1810）年には、高橋景保が幕府から日本全図の作製を命じられ、九州が未測量だったので他の資料で補って暫定的な「日本輿地図藁《こう》」を作った。この地図では未測量の九州の地形が細長くなっている。

最終版伊能大図（部分・長崎周辺）　美麗な大図として有名である。伊能諸図の中で最も美しいと言われる東京国立博物館蔵の伊能中図とほとんど同じ彩色が施されている。この地域では他に大図が現存していないので比較はできないが、来歴の確かさから見て限りなく上呈本に近いものであろう。（松浦史料博物館蔵）

最終版伊能大図（部分拡大・長崎）　当時の長崎の街の様子がうかがえる。長崎は文化10（1813）年8月18日から28日にかけて測量された。29日は地図整理、9月1日は出島を見学し象を見る。2日は地図仕立て、出発は3日という日程だった。出島見学前後の3日間は実質的な休養日だったらしい。非常に精細な表現は、忠敬の街歩きの好奇心ぶりを彷彿とさせる。（松浦史料博物館蔵）

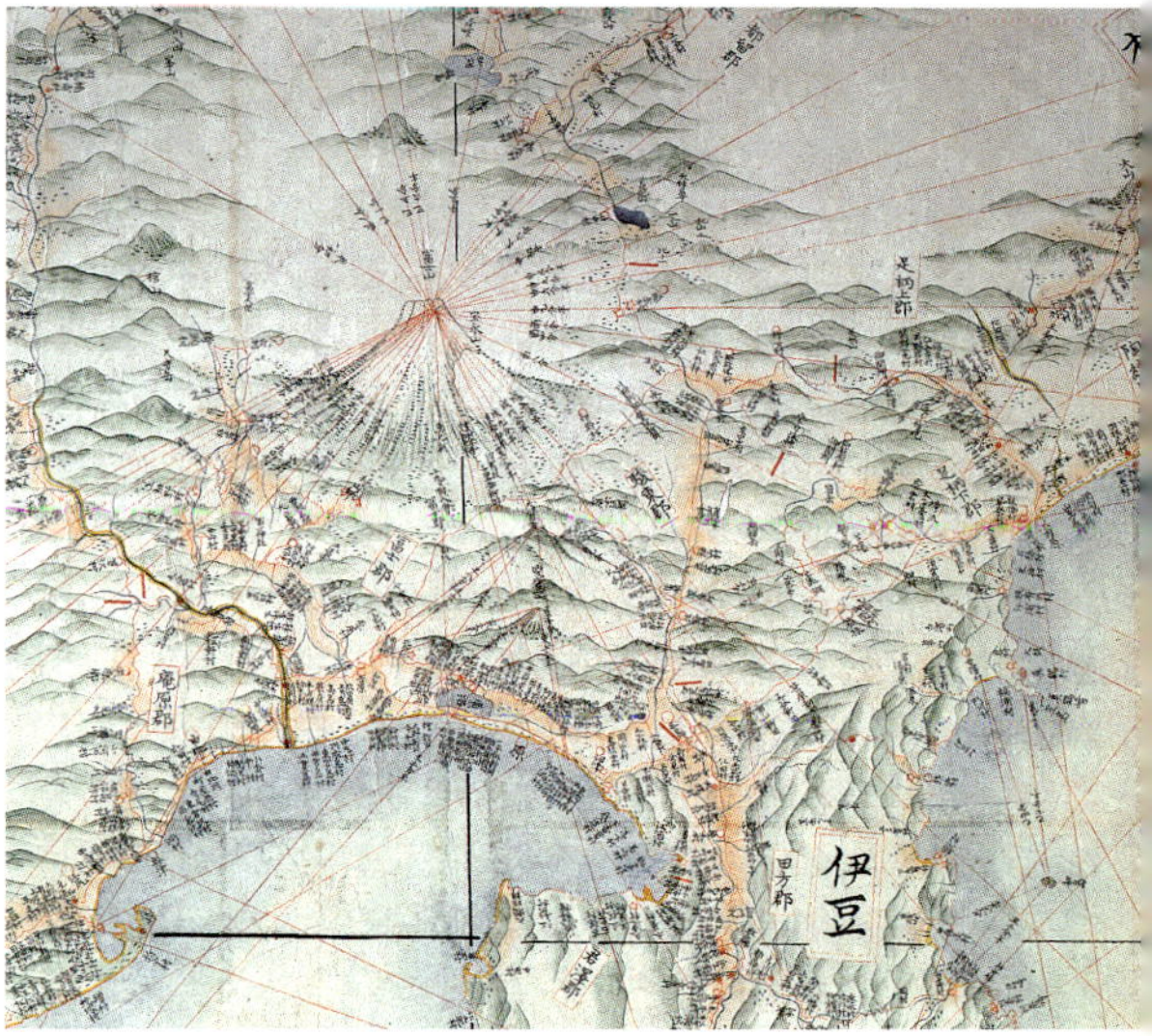

最終版伊能中図（関東）部分・富士箱根
（成田山仏教図書館蔵）

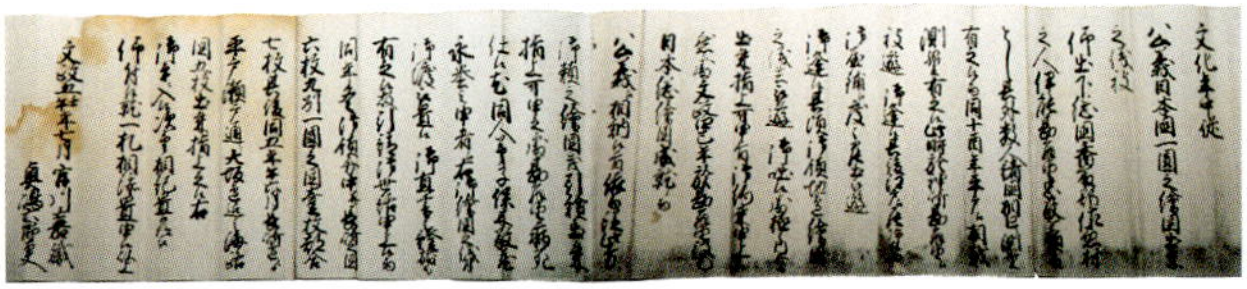

最終版伊能大図の副書　伊能図を入手した経緯が記されていて大変珍しい。（松浦史料博物館蔵）

最終版伊能大図（第5図・熊毛・那珂）部分・岩国付近　錦帯橋の西岸には吉川監物在所が見える。（山口県文書館蔵）

グループで特別に制作されたものであろう。

国会大図は、明治初年に内務省地理局と陸軍参謀局が並行して地図作製をおこなっていた時、内務省系の人々によって写された模写本である。後に陸上の地図制作が陸軍に統一された際に、陸軍に引き渡すべきものが、密かに保管されてきたものと推測される。

このほかでは京都大学図書館に、忠敬から土浦の内田氏に贈られたと添え書きのある大図の稿本が9枚所蔵されている。これらは下書き（未完成の稿本）と試作図だが、なかでも壱岐と五島（2舗構成）の3舗は、作図後に地名の大きさを朱で修正したり、校合のしるしがあるが、仕上がりとしては前記の完成図に近いものである。

また、海上保安庁水路部は、明治初年に作られた最終版模写本147図を蔵する。

●最終版伊能中図

最終版中図として著名なのは、東京国立博物館蔵の8枚揃い（東博中図）である。吉田藩・大河内《おおこうち》家に伝えられたもので、伊能測量当時の当主信明《のぶあきら》は老中であった。来歴が確かであり、針穴がある。伊能グループの制作と考えられる。本図を副本として、これと同等以上の最終版中図をあげてみよう。

成田山仏教図書館蔵の8枚揃い（成田中図）は、東博中図と比較すると彩色が淡彩であるが、東博中図の記入内容がすべて揃っているうえに天測地点の記入があって、完成度が高い。針穴はなく、伊能グループ以外の手による写しである。来歴は不明で、1940年に書店から購入されたものである。この成田中図の来歴について「幕末の老中であった佐倉藩・堀田家にあったものではないか」との見方がある。堀田家は戦前に一部財産の整理がおこなわれたこと、堀田正睦《まさよし》は外国掛を務めたこと、洋学・兵学好きであったこと、などの状況から妥当性が推測されるが、確定には今後の調査が必要である。

フランス人イヴ・ペイレ氏も8枚揃いの伊能中図（ペイレ中図）を所蔵する。これは、パリ郊外に住む元国立高等農業専門学校教授のイヴ・ペイレ博士が、ブルゴーニュ近くのムティエ・サンジャンという町に持っていた別荘の屋根裏を整理していて1970年頃に発見したもので、針穴本である。描図、彩色、保存ともに優良で、記入内容も充実している。しかし、なぜこのような優秀な中図がフランスに渡ったかは全く不明で推測の域を出ない。筆者は諸侯か幕府の所蔵図を幕末に雇用されていたフランス軍人が持ち帰ったのではないかと考えている。

そのほかの中図では、東京大学総合研究博物館所蔵の中図（東大中図）が注目に値する。関東が欠本で計7舗しかなく、うち北海道の2舗は別系統の最終版中図である。中部・中四国・九州北・九州南・東北の5舗は、傷や虫食いも多いが描図・彩色がよく、針穴も認識できる。東京大学の事務室の隅にあったらしいが、関東大震災で焼けたと言われる伊能家再提出の副本の一部の可能性がある。

以上のほかに、最終版伊能中図の模写本（明治期の写し）としては、国土地理院蔵の中図6舗（北海道の2舗欠落）と、日本学士院の中図8舗がある。国土地理院の中図は明治の初期に陸軍参謀局が模写したものである。日本学士院所蔵の中図は、大谷亮吉が『伊能忠敬』を書いた際、資料として東大にあった副本を明治42（1909）年に模写させたものである。また、北海道大学の北方資料室では蝦夷地のみの2枚の最終版中図を所蔵する。最近の調査で、来歴は定かでないが、針穴があり、副本と言える図であることがわかった。

●最終版伊能小図

小図については、大谷亮吉が『伊能忠敬』の中で、大変に簡便なので多数複製されたと言うが、現存しているものは非常に少ない。3枚揃いは英国海軍水路部の所有で、グリニッジ国立海事博物館が保管している写本1セットのみである。この図は幕末に日本近海を測量に来た英国測量艦隊に渡されたもので、幕府軍艦方の旧蔵品である。

伊能中図が発見された家　左側の家の屋根裏部屋で発見された。

最終版伊能大図・中図・小図接合表

保柳睦美『伊能忠敬の科学的業績』
古今書院（1974年）によった。

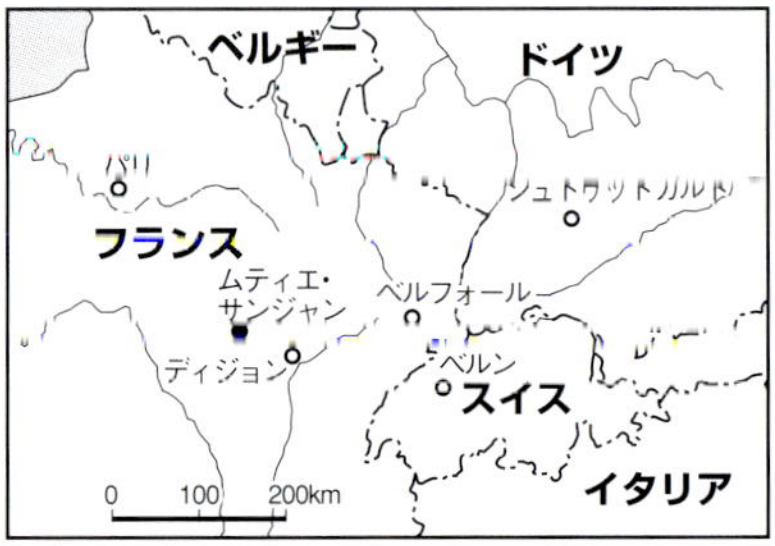

イヴ・ペイレ氏蔵の伊能中図が発見された場所　フランスのムティエ・サンジャンという人口300人ほどの田舎町。

国内では最近、東京都立中央図書館に本州東部と日本西南部が現存することが分かった。「神州実測輿地全図」という紛らわしい名称で保管されてきたため伊能図であることが確認できなかったが、筆者の調査で伊能小図の大変良質な写本と判明した。この図には英国小図にない大測地点☆が記入されているほか、測線の描図が丁寧で筆継ぎの跡がなく、合印はすべて完備し、文字は達筆である。

日本西南部の裏側に「この図は阿部勢州公（福山藩主・阿部伊勢守正弘）執政（老中首座）の時、天文台に命じ写せしものの由、大槻先生より承り候まま記しおくもの也」と貼り紙がある。

大槻先生とは大槻如電のことで、別に蔵書印があるので如電の旧蔵品であることは明らかである。大谷亮吉は大槻如電の蔵書の中に

伊能中図（関東）部分・富士箱根
天測地点の☆印をはじめ地図合印は完備しており、経緯線も小さな空白部にまで書き込まれている。（イヴ・ペイレ氏蔵）

最終版伊能中図（中部）部分・大坂と奈良
（東京大学総合研究博物館蔵）

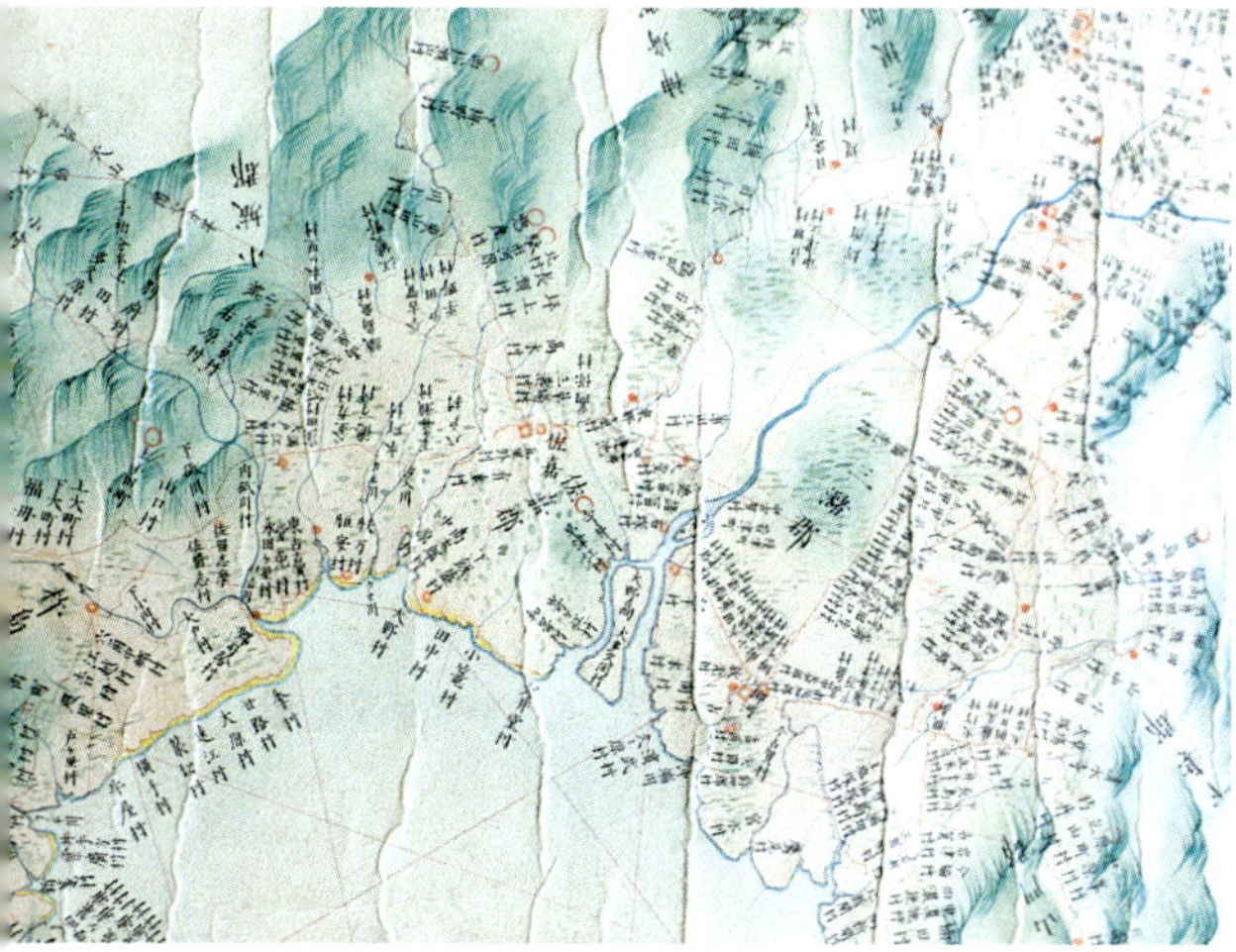

伊能中図（北九州）部分・佐賀付近　明治初期の模写本。合印の☆印を◎に、⚓を⚓にという具合に、忠実な模写でなく多少の改変がなされている。（国土地理院蔵）

最終版伊能中図（中部）全図
来歴は不詳だが針穴本である。伊能家再提出の中図副本の可能性が高い。褄仕立て。縦231×横133cm 。
（東京大学総合研究博物館蔵）

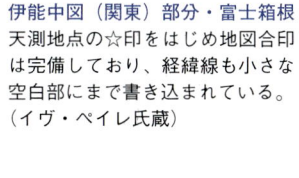

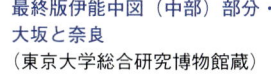

松平伊勢守が謄写させた小図があると述べているが、阿部伊勢守の間違いである。

この図の謄写を命じた福山藩主・阿部正弘の後裔の正道氏は、蝦夷地の小図1枚（阿部小図）を所蔵する。阿部氏によれば、阿部小図は福山藩が蝦夷地の経営に責任を持った時に作られたものではないかという。阿部家へ返却されたのは明治になってからとのことである。

また、神戸市立博物館には東京都立中央図書館の小図と同系統の描図の、蝦夷地と日本西南部の2枚の美麗な写本を所蔵する。

このように、小図は以上の4カ所しか所在が分かっていないが、共通して丁寧に製図された美しいものである。針穴がないことも共通している。旧幕府軍艦方の所蔵図も伊能グループの制作ではなかった。おそらく幕末のある時期に必要があって原図から敷き写されたものであろう。

厳密には最終版小図と言えないかもしれないが、松浦史料博物館に、松浦大図と同時に高橋景保から渡された九州だけの小図が所蔵されている。文政5（1822）年に伊能グループの下河辺政五郎や保木敬蔵らによって納められたもので、針穴も鮮明な副本である。彩色は淡彩で、文字は達筆、ほかの小図と記載内容や合印は同じで、方位線・緯線もあるが、経線はない。

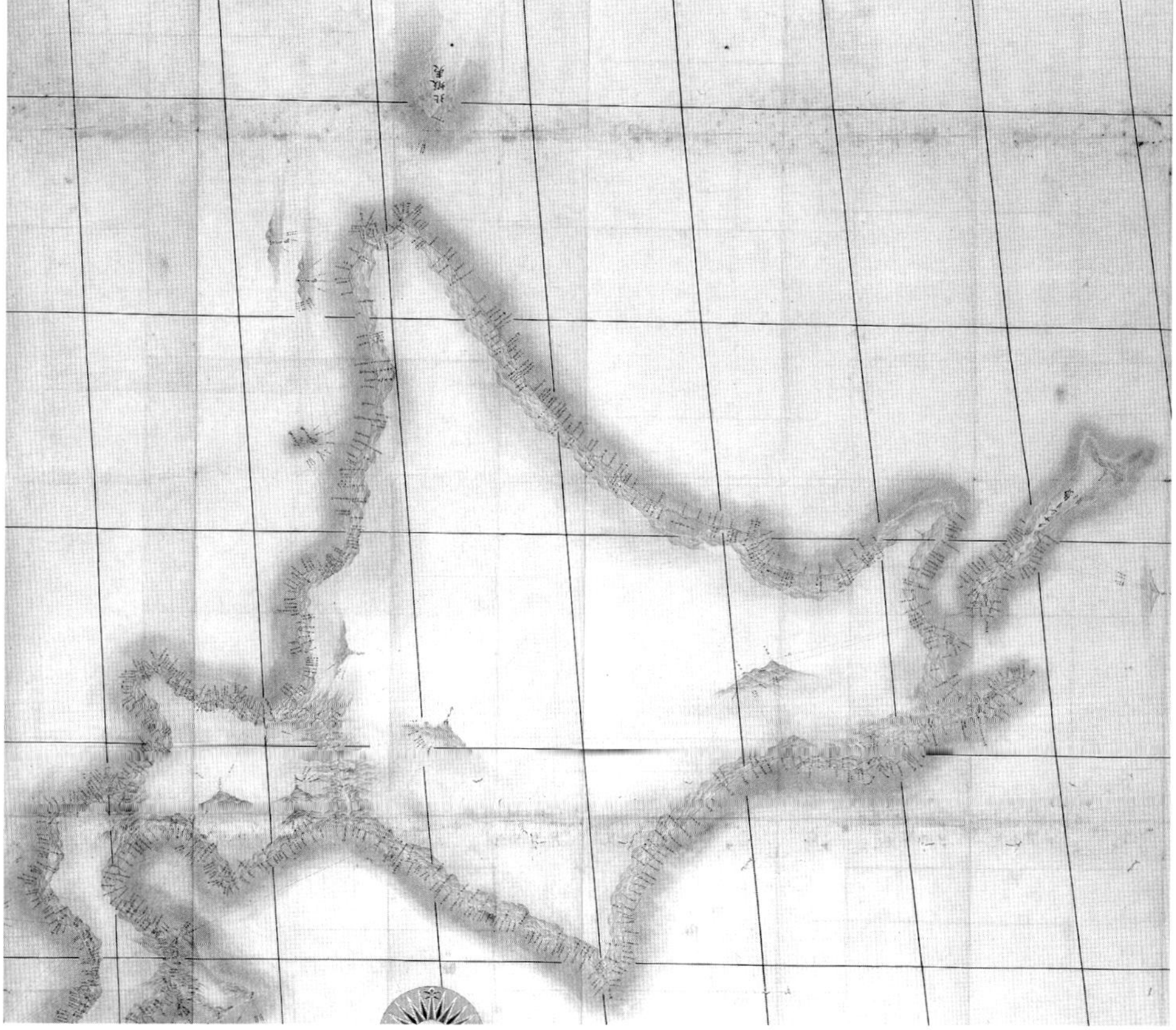

伊能小図・蝦夷地　写本。幕末に筆写。（阿部正道氏蔵）

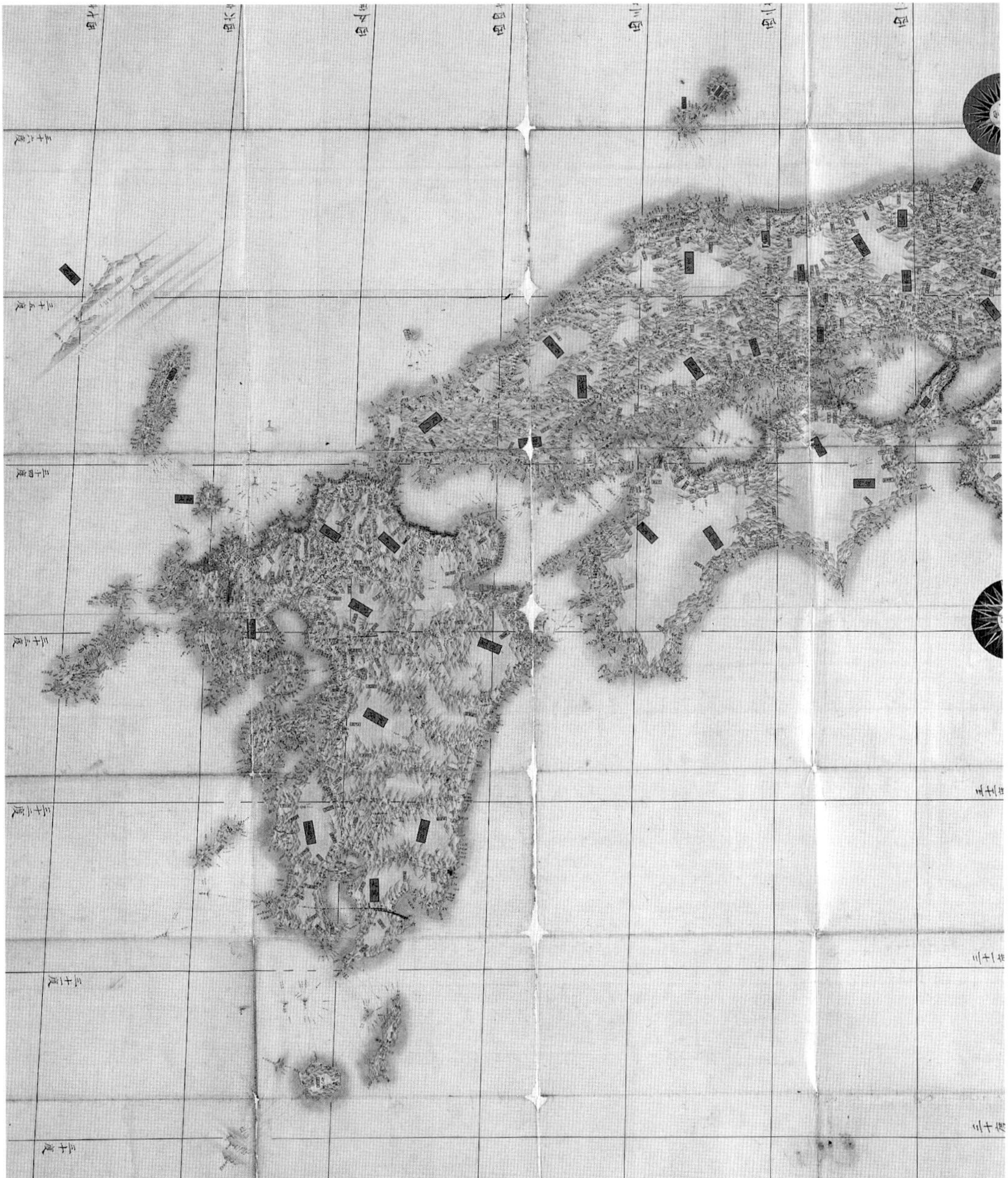

最終版伊能小図・日本西南部　英国グリニッジ国立海事博物館蔵の小図とは描図法が異なり、神戸市立博物館蔵の小図とよく似ている。制作の経緯から考えると、この図の形式の方が主流だったと考えられる。左下隅に旧蔵者・大槻如電の蔵書印がある。大正６年に日比谷図書館に入庫した。縦196×横167cm 。（東京都立中央図書館蔵）

伊能小図（部分）佐賀付近　九州だけの小図の北部。描図の形式はグリニッジ国立海事博物館蔵の小図と同系統。国名は朱の二重枠で囲むだけで、東京都立中央図書館蔵の小図のように朱で塗りつぶしてはいない。城下□、神祠⛩、港⛵、宿場○、仏寺△、郡界●、国界┃などの地図合印はあるが、天測地点の☆は描かれていない。（松浦史料博物館蔵）

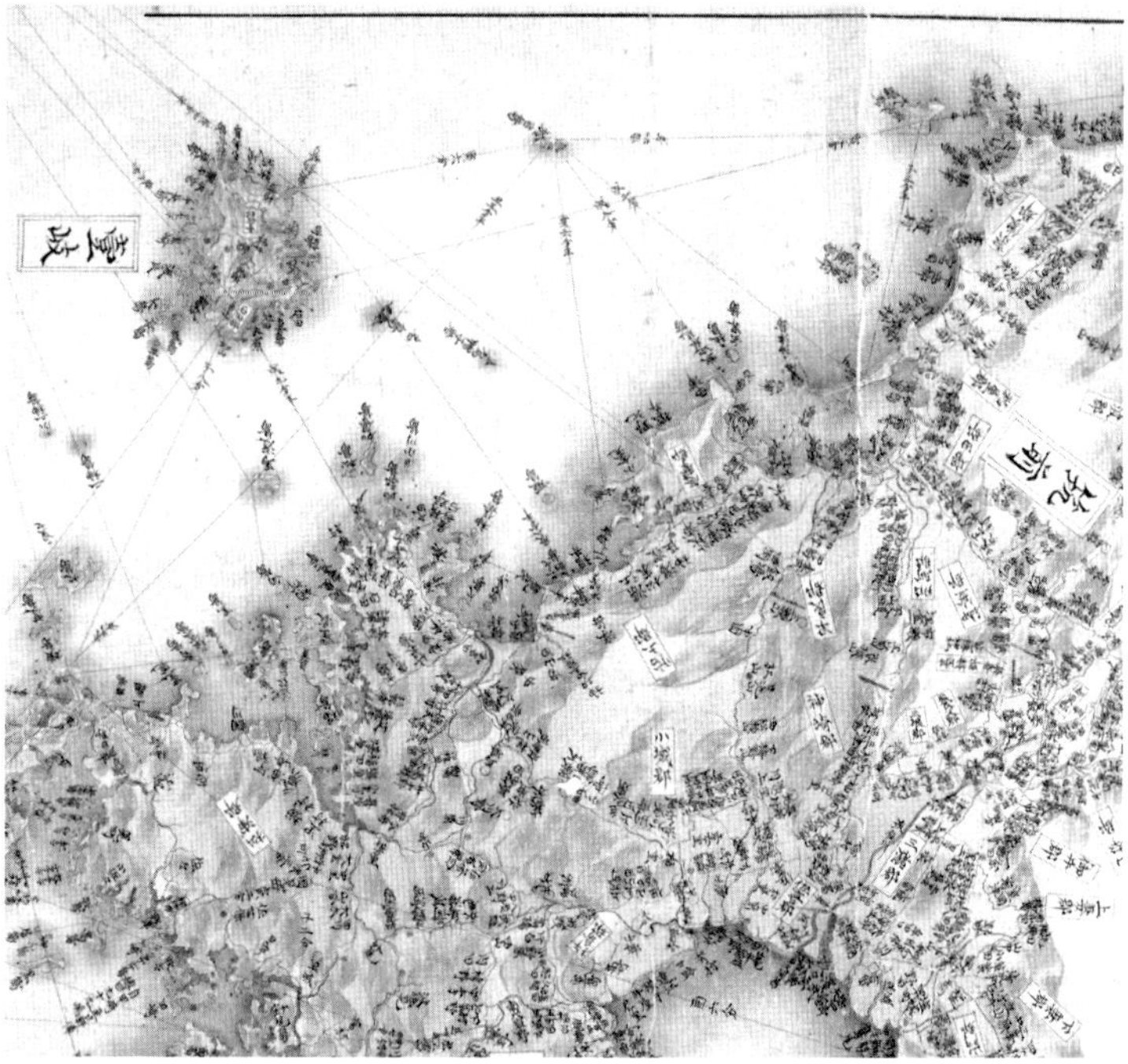

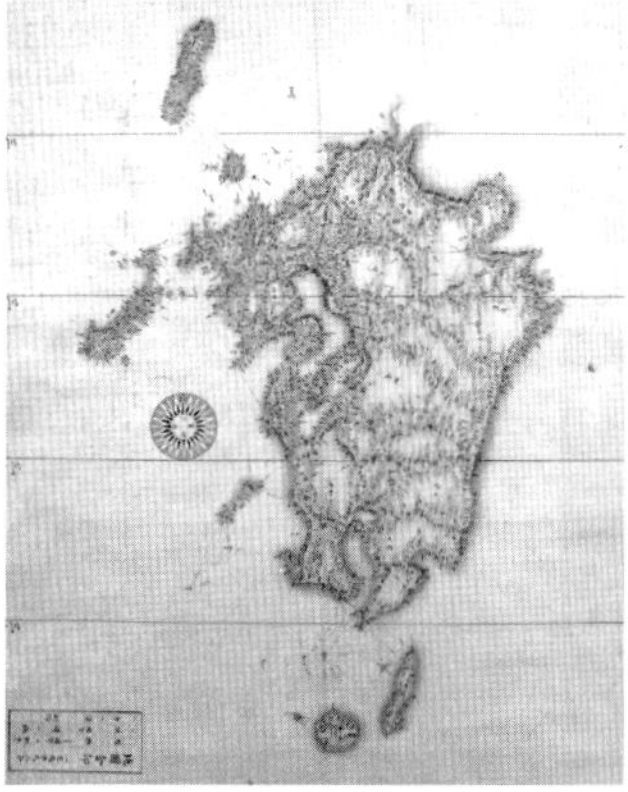

伊能小図（全図）九州
接合記号のコンパスローズがなく、方位を示すために中央に 1個だけ描いている。平戸侯への献呈図。緯線はあるが経線はない。（松浦史料博物館蔵）

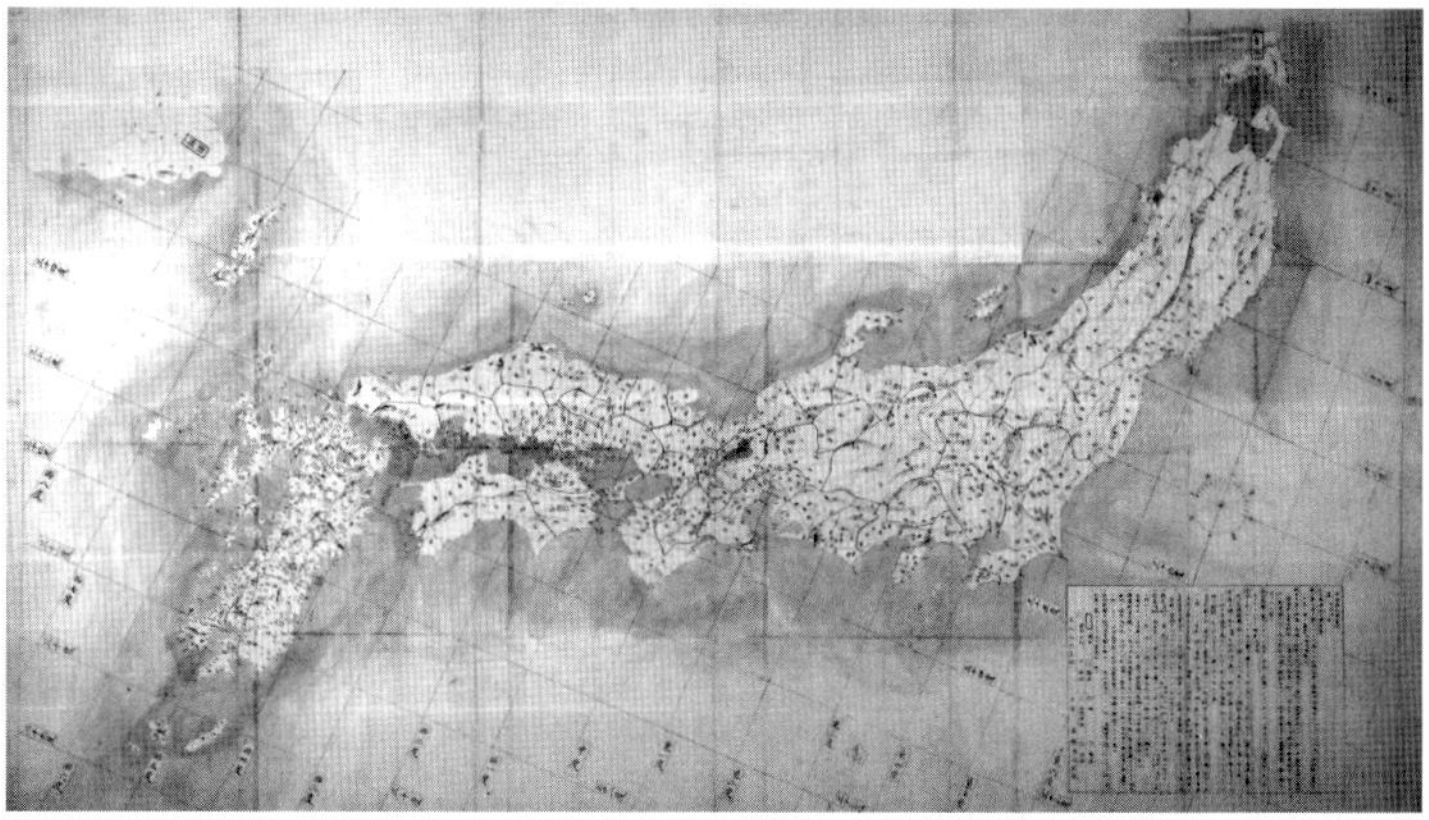

特別地域図「天の橋立図」　砂洲の上を測線が通っている。（国指定重文・伊能忠敬記念館蔵）右側が北にあたる。

日本輿地図藁（文化6（1809）年版）
国名を四角の枠内に、郡名を小判形の枠内に記し、国界を太めの墨線で引いている。主要山岳、河川、湖沼などを記入し、伊能隊の測線を朱線で示した簡潔な日本図。高橋景保がこの図を制作した文化7年はまだ九州が未測量だったので、他の史料によって編集された。九州は細長く、海岸線も朱線ではなく墨線で表されている。神戸市立博物館以外に本図の存在は知られていない。縦120×横204cm。（神戸市立博物館蔵）

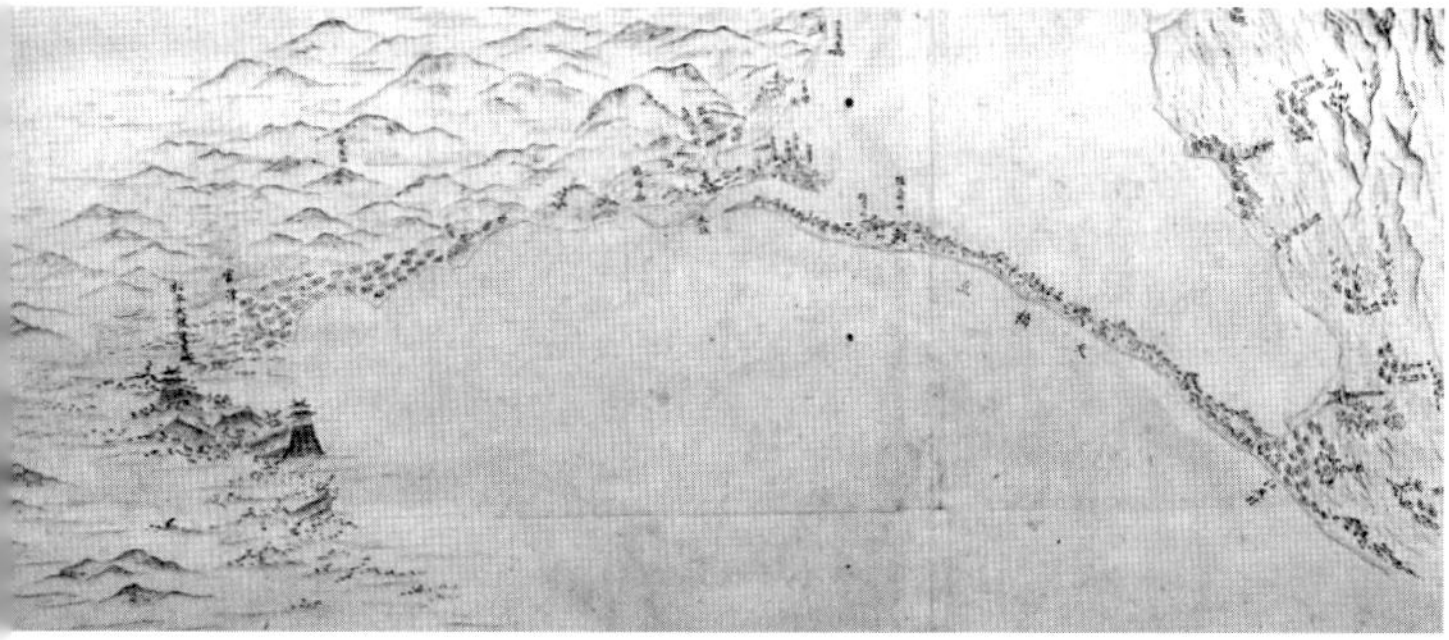

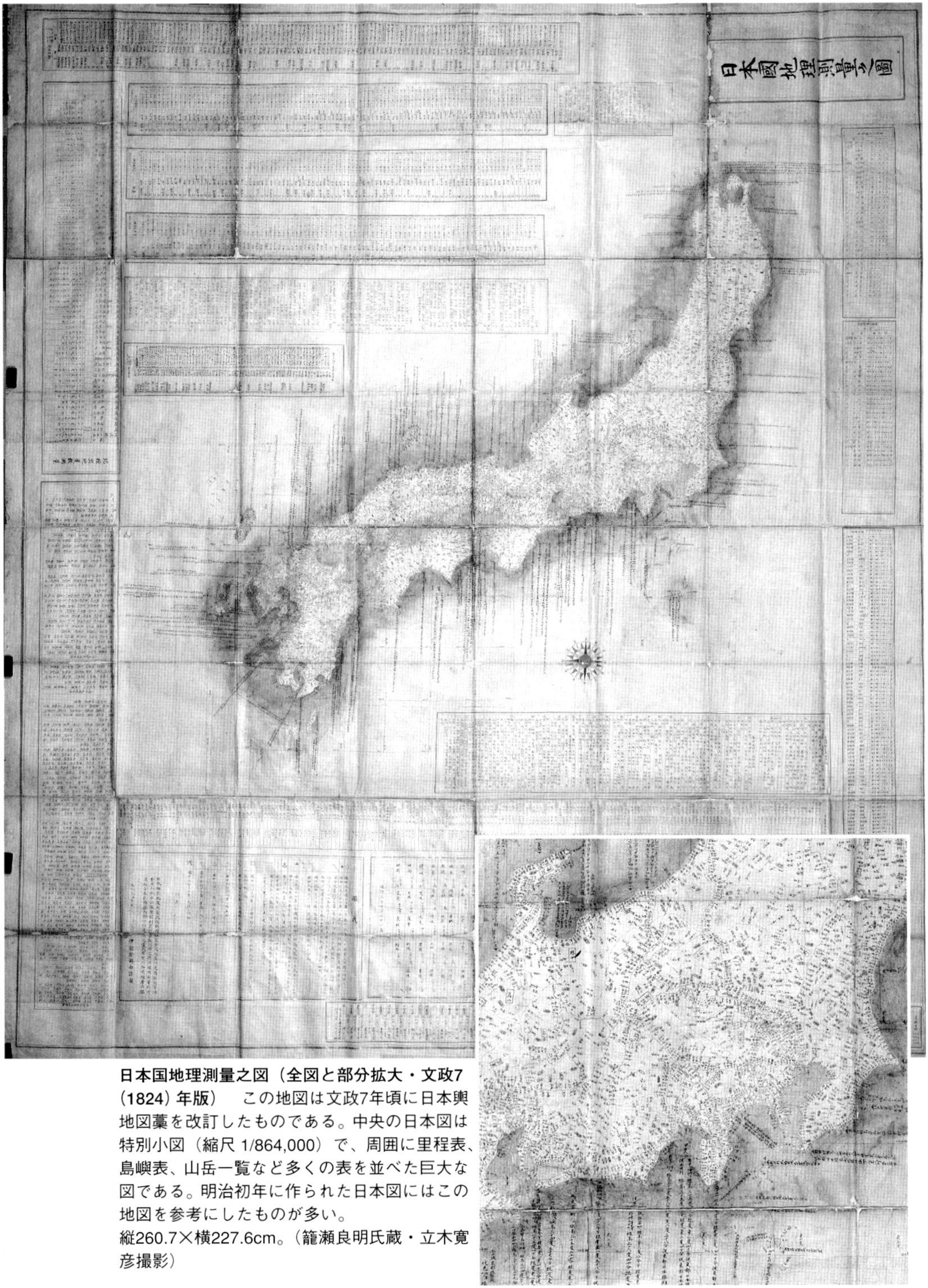

日本国地理測量之図（全図と部分拡大・文政7（1824）年版）　この地図は文政7年頃に日本輿地図藁を改訂したものである。中央の日本図は特別小図（縮尺 1/864,000）で、周囲に里程表、島嶼表、山岳一覧など多くの表を並べた巨大な図である。明治初年に作られた日本図にはこの地図を参考にしたものが多い。
縦260.7×横227.6cm。（籠瀬良明氏蔵・立木寛彦撮影）

カナ書き伊能特別小図（全図）東日本　蝦夷および北蝦夷（樺太）と西日本とを併せて３枚構成で日本全体を網羅する。国名を四角の枠内に、郡名を小判形の枠に各々漢字で記している。他の地名はすべてカタカナ。国界は太い墨線で描き、主要山岳と河川や湖沼を描く。伊能隊の測線は、第９次測量までのすべてを朱で入れている。描図内容は最終測量以降の情報も含めているが、描図形式は日本輿地図藁によく似ている。高橋景保からシーボルトに一旦渡されたが、船が難破したため回収された。シーボルト事件の発端になった地図である。縦130×横114cm。（国立国会図書館蔵）

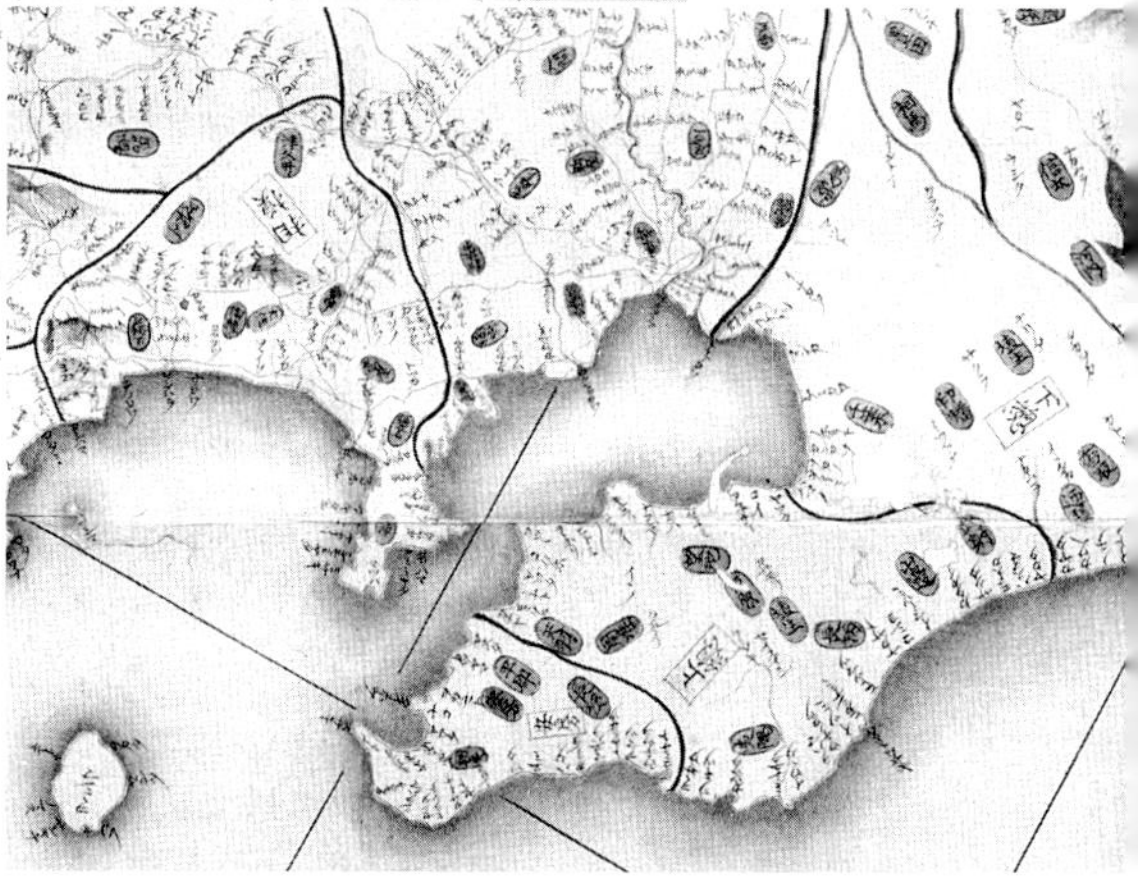

カナ書き伊能特別小図（部分拡大）南関東　カナ書きの地名を読むことができる。（国立国会図書館蔵）

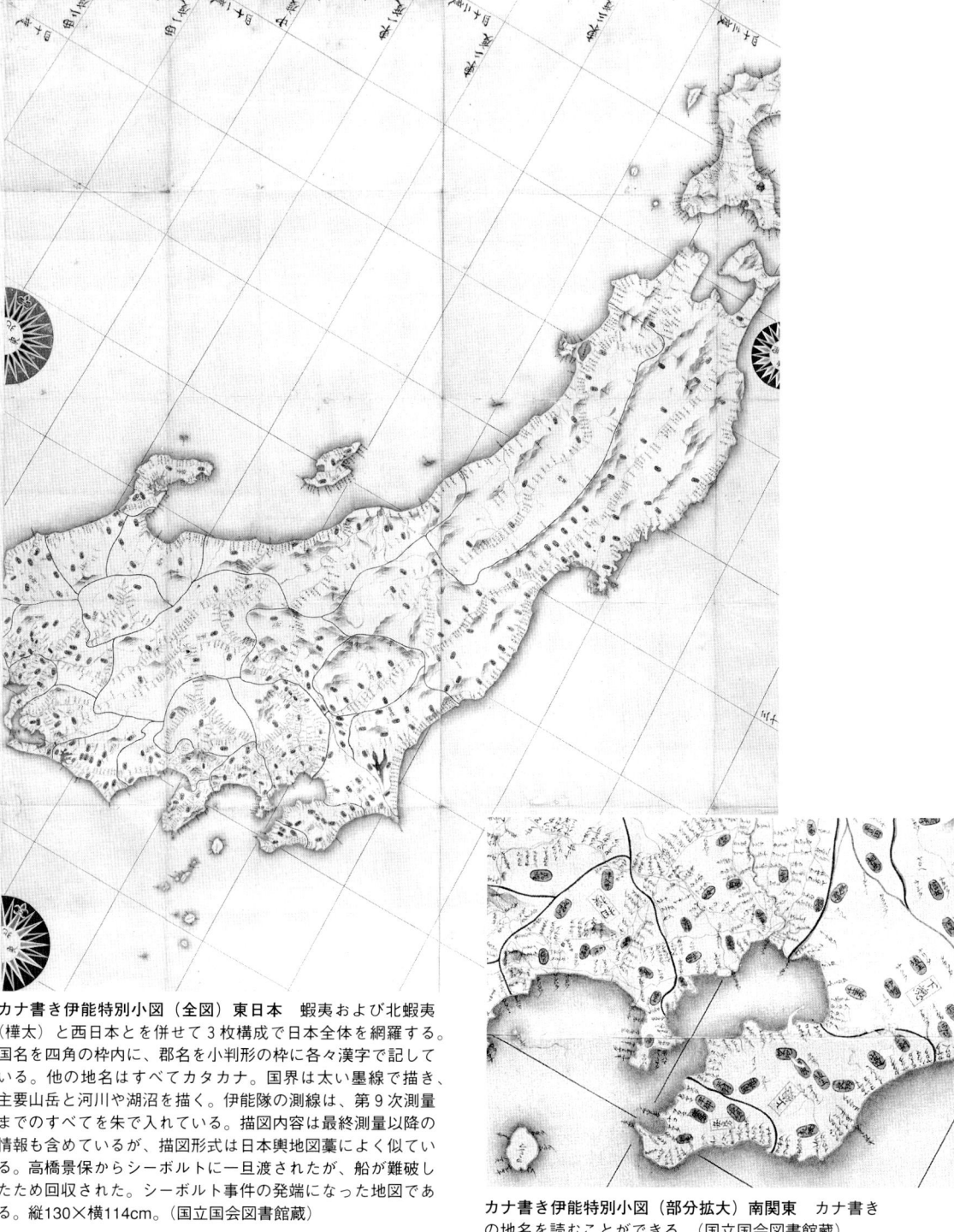

カナ書き特別小図（部分）関東付近　本州分だけを2枚に描いている。朱の測線を記し、太い墨線で国界を引き、主要山景と水系を描く。国名・郡名は漢字で書いてカナを振るが、その他の地名はすべてカナ表記。国立国会図書館蔵のカナ書き日本図とよく似ている。大日本輿地図稿本として整理されている。来歴は不詳。縦106×横186cm 。（静嘉堂文庫蔵）

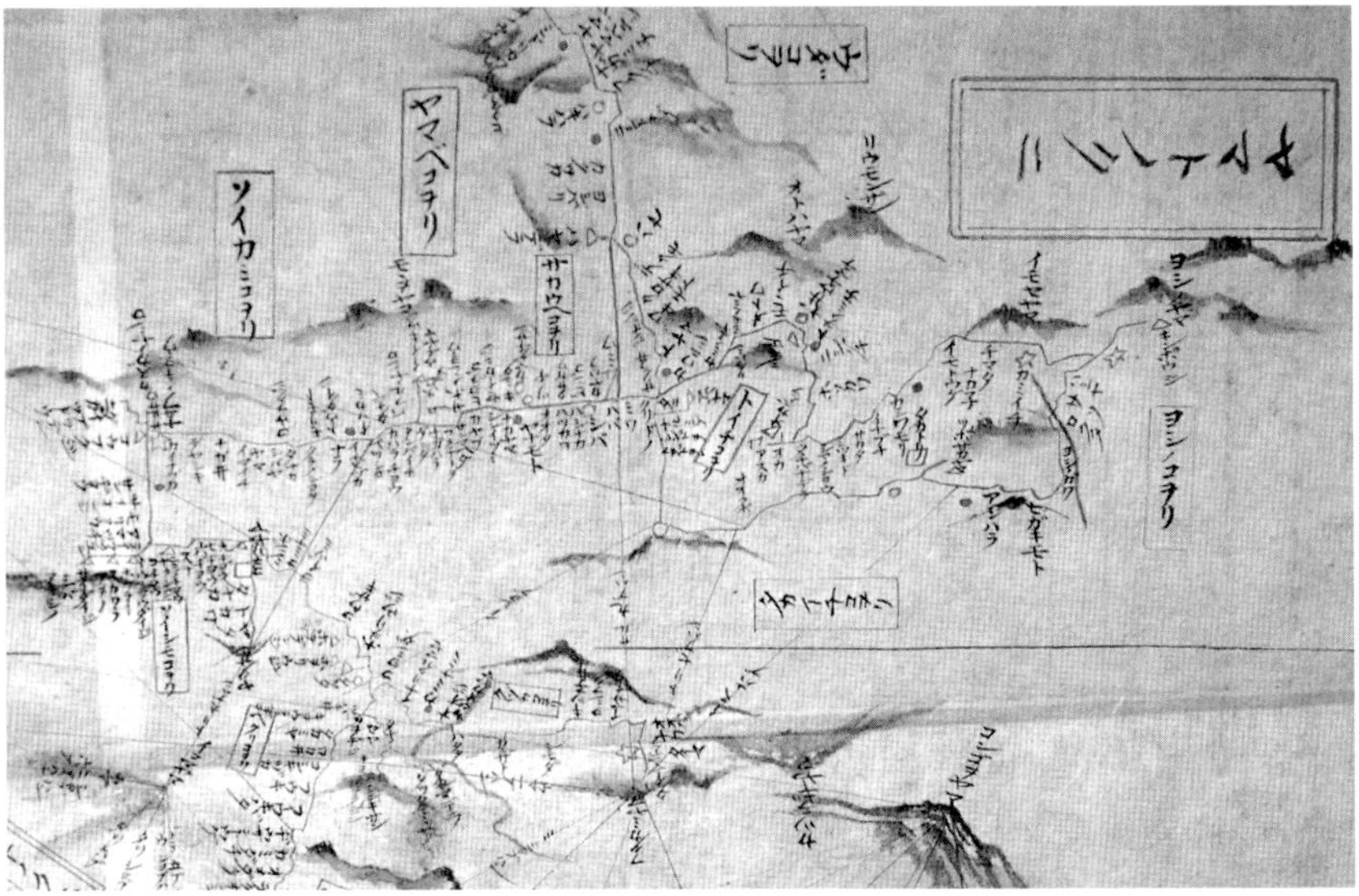

カナ書き中図（文化４年版・中図・畿内）部分・奈良盆地　国名も郡名もすべてカナ書き。城下□、宿場○、寺院△、郡界●、天測地点☆などが読める。（イタリア地理学協会蔵）

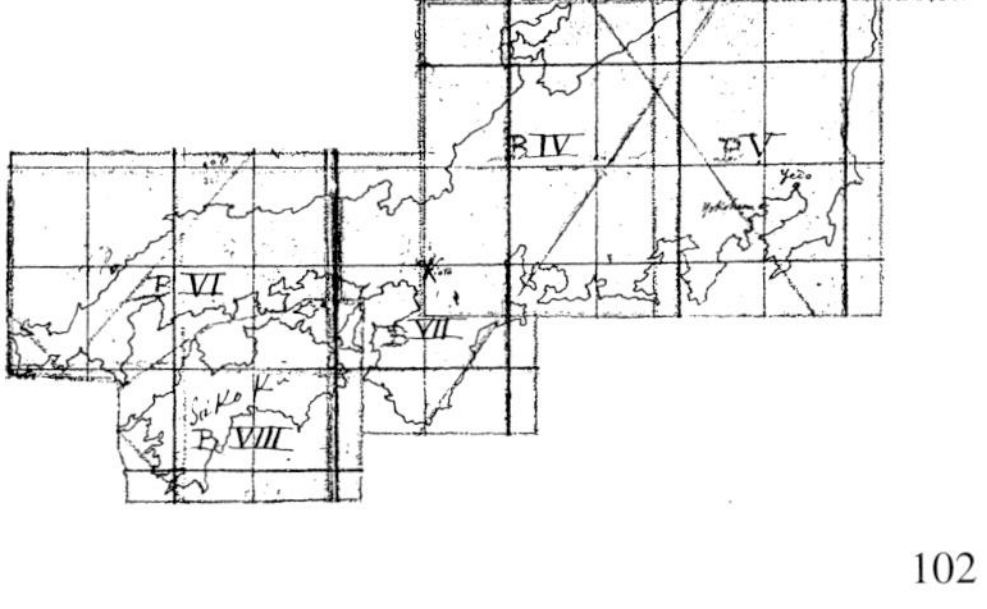

カナ書き伊能図セット構成図　学習院大学図書館蔵の伊能中図セットとほぼ同じ接合構成で、文化元年沿海地図（中部、関東、奥州南、奥州北、蝦夷）、文化4年版沿海地図（中国・畿内図）、文化6年版沿海地図（四国図）の8枚の組み合わせである。幕末に取得されたこの地図は、伊能図の中間段階の写しだった。（イタリア地理学協会蔵）

伊能隊の作業一覧表

*1：渡辺調査、*2：佐久間達夫調べ、その他は保柳資料による。
第9次は伊豆七島の測量、第10次は江戸府内の測量なので省略した。

測量回数		1次	2次		3次	4次	5次	6次	7次	8次
測量地域		奥州街道と蝦夷地東南岸	相模・伊豆	本州東海岸	出羽・越後	尾張・越前以東	畿内・中国	四国・大和路	九州東南地域と往還路	九州残部と往還路
忠敬年令		56	57		58	59	61～62	64～65	65～67	67～70
出発年月日	旧暦	寛政12年 閏4月19日	享和元年 4月2日	享和元年 6月19日	享和2年 6月11日	享和3年 2月25日	文化2年 2月25日	文化5年 1月25日	文化6年 8月27日	文化8年 11月25日
	新暦	1800年 6月11日	1801年 5月14日	1801年 7月29日	1802年 7月10日	1803年 4月16日	1805年 3月25日	1808年 2月21日	1809年 10月6日	1812年 1月9日
到着年月日	旧暦	寛政12年 10月21日	享和元年 6月6日	享和元年 12月7日	享和2年 10月23日	享和3年 10月7日	文化3年 11月15日	文化6年 1月18日	文化8年 5月9日	文化11年 5月3日
	新暦	1800年 12月7日	1801年 7月16日	1802年 1月10日	1802年 11月18日	1803年 11月20日	1806年 12月24日	1809年 3月3日	1811年 6月28日	1814年 7月9日
出張日数		180日	64日	166日	132日	219日	640日	377日	631日	914日
測量距離		3,224km	572km	2,550km	1,701km	2,176km	5,383km	3,442km	7,005km	11,530km
旅行距離	測量隊	3,224km	572km	2,550km	1,701km	2,176km	6,992km	4,568km	7,409km	13,083km
	忠敬	3,224km	572km	2,379km	1,701km	1,752km	5,385km	4,457km	6,256km	9,378km
隊員*1	下役	—	—		—	—	高橋善助 坂部貞兵衛 市野金助 （途中帰還） 下河辺政五郎 （途中参加）	坂部貞兵衛 芝山伝左衛門 下河辺政五郎 青木勝次郎	坂部貞兵衛 下河辺政五郎 青木勝次郎 永井甚左衛門	坂部貞兵衛 永井甚左衛門 今泉又兵衛 門谷清次郎
	内弟子	門倉隼太 平山宗平 伊能秀蔵	平山郡蔵 平山宗平 伊能秀蔵 尾形慶助		平山郡蔵 伊能秀蔵 尾形慶助 大平雄助	平山郡蔵 伊能秀蔵 尾形慶助 津村大兄 小野良助	平山郡蔵 伊能秀蔵 永沢藤次郎 小坂寛平 門倉隼太 （途中参加） （供侍） 門谷清次郎 （途中帰還） 佐藤伊兵衛	伊能秀蔵 植田文助 久保木佐右衛門 （供侍） 神保正作	植田文助 梁田栄蔵 箱田良助 （供侍） 成田豊作 （途中帰還） 黒田藤吉 （坂部の供侍） 松井沢次	尾形慶助 箱田良助 保木敬蔵 久保木佐右衛門 （供侍） 加藤嘉平次 宮野善蔵 （坂部の供侍） 笠原三之助
	棹取	—	—		—	—	利助・吉平	佐助・善八	平助・長蔵	佐助・甚七
	従者	吉助 長助 （函館より帰る）	嘉助		久兵衛 兵助	吉兵衛 久兵衛	半六・丈助 惣兵衛 角二・三治 栄治	藤吉・文吉 兵助・惣助 文蔵	清七 不詳4名	清兵衛 清助・友吉 新八 弥兵衛
	計	5人	5人		6人	7人	19（17）人	15人	17（16）人	18人
天測日数*2		74日	76日		79日	116日	208日	113日	289日	310日
記事		○手当1日銀7.5匁、○180日分22両2分○人足3人、馬2頭（蝦夷地・馬1頭）（お定めの賃銭）	○手当1日銀10匁、230日分38両と20匁 ○人足2人、馬1頭、長持ち1棹（お定めの賃銭）		○手当60両 ○人足5人、馬3頭、長持ち1棹（無賃）	○手当82両2分 ○人足5人、馬3頭、長持ち1棹（無賃）	○第5次以降の手当　○伊能忠敬　旅扶持　5人扶持1倍（1日に米5升）○雑用金　1カ月　3両2分　○宿代　1カ月　銀43匁　○別段手当　1日　銀14匁　○高橋善助手当　1カ月　2両3分　○別段手当　1カ月　1両　○下役　旅扶持　2人扶持1倍（1日に米2升）○雑用金　1カ月　1両　○手当　1日　銀1匁5分　○別段手当　1カ月1両3分　○内弟子　手当　1カ月　2両3分　○（忠敬）人足7人、馬3頭、長持1棹（無賃）○（下役）馬1頭			

所蔵者	図　種	題　名	構成・寸法（cm）	備　考
		全図		
	同（五島上）	肥前五島沿海上下弐景之図　上	172×95	同
	同（五島下）	肥前五島沿海上下弐景之図　下	117×161	同
	同（平戸領）	肥前国（平戸島・生属島・黒島・大島・度島）	169×119	同
明治大学図書館	文政4年中図による西国海路図	伊能忠敬中図 第一　大坂湾～備後 第二　備後～周防 第三　関門～壱岐対馬 第四　五島 第五　朝鮮遠景	 60×124 60×124 48×130 48×65 48×65	芦田伊人コレクション。針穴なし
宮内庁書陵部図書課	特別小図 沿海地図小図	日本国地理測量之図	未調査	
国立国会図書館	文政4年大図模写（43枚）	図番53-55,57,58,65-74,76-81,87-108	約120×150	1997年に気象庁図書館で発見後、国会図書館に移管。明治初期に副本から模写
	江戸府内図	北部（1） 北部（2）	186×288 未調査	気象庁より移管 同
東京国立博物館*8	文化8年大図	九州沿海図第一～第二一（九州東南部）	縦98～196 横72～165	存在が長らく未確認だった図。1997年発見。浅草文庫旧蔵
	文化8年中図	九州之内六箇国沿海地図二三（九州東南）	191×164	同
	文化8年小図	九州之内六箇国沿海地図二二（九州東南）	114×82	同
籠瀬良明氏	文政7年特別小図	日本国地理測量之図	261×228	針穴なし
東京都立中央図書館	文政4年小図	本州東部 日本西南部	243×165 196×167	大槻如電旧蔵。阿部正弘の執政時、幕府天文方に命じて作らせた写本と伝える
前田尊経閣文庫	文化元年沿海地図小図	本州東半分	263.5×213	写本。幕府天文方に出向していた加賀藩士・藤井三郎が嘉永元年に筆写
米国議会図書館*9	文政4年大図	Japan、 Hokkaido to Kyushu	おおむね110×230以下 208枚	欠図番号　12、34、35、107、133、157、164号 重複168号　明治期の模写本
国立歴史民俗博物館*9	文政4年大図	第35号第七軍管北海道之図 第34号第七軍管北海道之図	99.2×122.1 99.8×189	米国大図の欠図部分の34号、35号である。明治期の模写本
東京国立博物館*9	文政4年小図	日本国図	蝦夷地　161×178 本州東部　250×163 日本西南部　206×162	針穴あり。副本。三舗完全揃。昌平校旧蔵。各図とも下部に昌平坂学問所の朱印が押されている。本図は天文方高橋景保より提出されたもの。

（注釈ならびに参考文献）
*1 東京国立博物館資料室の目録ならびに写真による。
*2 神戸市立博物館による。
*3 今井・上林「水路部所蔵の伊能図謄写図について」地図34巻2号　1996年6月による。
*4 古河歴史博物館　永用氏談。
*5 神崎「天理図書館蔵　大日本沿海輿地全図中図」地図34巻2号　1996年6月による。
*6 高知県図書館からの回答による。
*7「伊能図探究」伊能忠敬研究　第9号　96、秋季号　参照。
*8「MUSEUM」548号　1997年6月による。
*9 2002年8月現在補訂

所蔵者	図　種	題　名	構成・寸法(cm)	備　考
		小模写（2図）	約B1型	
藤岡健夫氏	文化12年大図	無題（人吉〜西米良）	81×177	針穴あり
須賀田宗司氏	特別地域図	天の橋立図三景第三	59×79	伊能家より受贈。針穴あり
古河歴史博物館	文化元年沿海地図小図[4]	沿海地図	252×222	文政12年、古河藩家老鷹見泉石の自写
蓬左文庫	文化元年沿海地図小図	大日本沿海里程測量図	236×95	尾張家の重臣大道寺家用人水野正信写す
天理大学附属天理図書館	文政4年中図	実測日本全図　伊能中図[5]		昭和26年、反町弘文荘より購入。旧蔵者不明。針穴なし。一号・二号に北海道とあり、標題の記載は明治2年以降
		第一　北海道北	152×160	
		第二　北海道西	248×151	
		第三　奥州	226×149	
		附属　佐渡	101×127	
		四号　関東	276×125	
		五号　畿内	245×148	
		六号　中四国	210×147	
		七号　九州北	153×163	
		附　壱岐・対馬・五島	159×74	
		八号　九州南	164×127	
高樹文庫	文政4年小図写稿本	大日本沿海実測全図小図写	経緯線2度毎に1枚。52〜54×41〜42の図22枚（1枚欠）	越中の測量家石黒氏の写。彩色がないので稿本とした
高知県立図書館	文化6年小図稿本	四国全図[6]	72×110	松山秀美氏より昭和28年受贈。彩色なし
松浦史料博物館	文政4年中図による西国海路図	実測中図西国海路図（1）	大坂〜備後59×125	平戸藩主松浦家旧蔵。内弟子保木敬蔵が制作し文政5年に提供。針穴あり。副書あり[7]
		同（2）	広島〜博多58×125	
		同（3）	博多〜長崎149×125	
	文政4年大図編集図	実測地図（松浦〜佐世保）	269×115（上下2舗接続、長崎まで）	平戸藩主松浦家旧蔵。平戸測量当時、忠敬との約束により、高橋景保から文政5年に入手。針穴あり。副書あり。当初7舗[7]
		同（五島・小値賀）	270×115（宇久島以外）	
		同（壱岐）	121×114	
		平戸領全図	270×115	
	文政4年小図編集図	無題（九州）	132×114	同
長崎市立博物館	文化元年沿海地図小図	沿海地図	252×141（軸装。北が下）	大村藩測量方峰源助写。昭和28年峰文庫より購入。針穴なし。峰源助は渋川景佑（高橋善助）の門人。景佑所持の図の写し
	文化6年中図	四国全図　一里六分	134×103（軸装。西が上）	
	伊豆七島図（中図）	伊豆半島及伊豆七島実測図	160×48	同
	琵琶湖図	近江琵琶湖図	58×101	安政2年2月蜂源助写と記す
	文化元年沿海地図中図松島	実測奥州松嶋図。以曲尺六分為一里	89×105	同
宮城県図書館	文化元年沿海地図中図	沿海地図第三	113×204（奥州南部）	仙台藩伊達家の旧蔵品。針穴なし。沿海地図第一は蝦夷地、第二は奥州北部のはずだが欠本。イタリア中図と同一の構成
		沿海地図第四	206×123（東海・東山の東半部）	
		沿海地図第五	177×123（東海・東山の西半部）	
	文化4年中図	沿海地図第六	127×113（畿内）	
		沿海地図第七	127×208（中国沿海）	
京都大学図書館	文化6年中図	四国淡州六分下図	134×172（四国淡路）	忠敬より内田家への贈呈図。針穴あり
	文化8年中図（九州東南部のみ）	九州六箇国之内沿海図	186×141（九州第1次測量地域を描く）	同
	文化11年測量地区の大図（対馬）	対州全図	232×101（対馬全体を描く大図）	同
	同（壱岐）	壱岐国図	88×82	同
	同（種子島）	大隅国熊毛郡種ヶ島沿海図	157×78	同
	同（屋久島）	大隅国馭謨郡屋久島沿海	75×101	同

所蔵者	図　種	題　名	構成・寸法（cm）	備　考
		（4）シラオイ	84×132	
		（5）モンベツ	80×80	
		（6）ミツイシ	154×80	
		（7）ビロオ	77×96	
		（8）オホッナイ	84×135	
		（9）クスリ	130×70	
		（10）北岸	135×84	
	文化元年沿海地図小図	日本海路測量図	233×185	地理局本。針穴なし
	同（縮尺は2分の1）	東三十三国沿海測量之図	265×225	紅葉山文庫本と伝える。特別小図とセットで保管。針穴なし
	特別小図	日本国地理測量之図	468×432	
徳島大学附属図書館	文化元年沿海地図中図	沿海地図		蜂須賀家旧蔵。昭和26年徳島大学へ。針穴あり
		上（東海）	186×247	
		中（奥州）	217×185	
		下（蝦夷）	185×217	
	各種中図	大日本沿海図稿		同
	（文化4年）	（1）五畿東海図	130×173	
		（2）山陰山陽図	136×172	
	（文化6年）	（3）南海図	110×152	
	（文化8年）	（4）西海図	171×195	
	文化8年大図	豊前国沿海地図		蜂須賀家旧蔵。昭和28年徳島大学へ。針穴あり
		（1）下関	79×166	
		（2）中津	85×166	
		（3）別府	99×166	
国立史料館	文化元年沿海地図中図	沿海地図中図		津軽家旧蔵。昭和28年国立史料館へ。針穴あり
		上（東海）	200×257	
		中（奥州）	248×203	
		下（蝦夷）	160×248	
	同小図	沿海地図小全図	260×222	同。箱内に年代を示す断簡あり
早稲田大学図書館	享和2年中図	大日本天文測量分間絵図		昭和27年、書店より購入。針穴あり
		（1）伊豆関東	260×164	
		（2）奥州蝦夷	253×218	
	文化元年沿海地図小図	本州東半分	207.5×248	写本。久須美家の旧蔵。元早大教授・勝俣氏のコレクション
山口県文書館毛利文庫	文政4年大図	御両国測量絵図		毛利家旧蔵。針穴あり
		（1）赤間関	195×107	
		（2）小郡	195×107	
		（3）三田尻	196×107	
		（4）奈古村	108×180	
		（5）熊毛玖珂	195×108	
		（6）八代島	108×195	
		（7）離島凡例	108×91	
静嘉堂文庫	カナ書き特別小図	大日本輿地図稿本	106×186（本州部のみ1舗に描く）	大槻如電旧蔵。針穴あり
神奈川県立金沢文庫	伊豆七島図（中図）	豆州相州沿海街道並七島図	54×155	昭和26年購入。旧蔵者不明。針穴なし
北海道大学北方資料室	文政4年中図	伊能氏実測北海道之図甲	250×150	来歴不詳。針穴あり
		同乙	150×145	同
阿部正道氏	文政4年小図	蝦夷図	蝦夷図のみ。162×182	幕末の老中阿部家所蔵の写本。針穴なし
大鼓谷稲成神社	特別小図	日本国地理測量之図	特別小図と諸表。517×522	歴局出仕の津和野藩士・堀田仁助写の、亀井侯への帰国土産。針穴なし
		東三拾三国沿海測量之図	縮尺2分の1の沿海小図。217×221	
海上保安庁水路部	文政4年大中図模写[3]（6図）	安芸・肥後日向・肥前・肥後沿海・豊後・豊後日向・豊後。	180×100（4図） 200×100、210×170（各1図）	明治10—11年に、地理局にあった伊能家控の最終版伊能図を水路部で借出して模写した。これをさらに業務参考用に写した図
	文政4年大図縮写[3]（141図）	鳥瞰式で縮小模写（69図）	約B1型。1/2～1/4に縮写	
		ケバ式で縮小模写（70図）	同	
		フォームライン式で縮		

所蔵者	図　種	題　名	構成・寸法（cm）	備　考
		中部	240×157	
		中四国	215×157	
		北九州	169×156	
		南九州	157×157	
		奥州	228×158	
		北海道東	171×157	
		北海道西	232×157	
	カナ書き特別小図写	日本輿地全図特別小図異図		国会図書館古典籍室のカナ書き特別小図を大正2年に模写したもの
		（北海道）	133×114	
		（東日本）	132×114	
		（西日本）	132×114	
国立歴史民俗博物館（秋岡コレクション）	文政4年大図・中図	第六九　下野	125×194	明治期の模写。針穴なし。市中購入
		第五六　陸奥	124×194	
		（大図）明石	124×159	同
		（大図）飯山	140×124	同
		（大図）児島湾	125×185	同
		（中図）中四国	203×152	市中購入
	寛政12年小図		139×201	同
	江戸府内図（南部）		202×315	同
学習院大学図書館	文化元年沿海地図中図	蝦夷地	119×198	陸軍文庫旧蔵。領主名を記入。針穴なし。原蔵者不明
		奥州北部	107×184	
		奥州南部	100×184	
		関東	113×178	
		中部	123×181	
	文化4年中図	中国沿海	125×154	同
		畿内	120×170	
	文化6年中図	四国淡路	99×150	同
国立国会図書館	文化元年沿海地図小図（堀田図）	伊能日本実測小図（一）	216×256	堀田摂津守旧蔵。陸軍文庫印。針穴あり
	文化元年沿海地図小図（中川図）	日本沿海分間図　官撰東国完	224×256	中川飛騨守旧蔵写本。戦後購入。針穴なし
	カナ書き特別小図	日本図　昌平校旧蔵（蝦夷図とある題を修正してある）	蝦夷、東日本、西日本とも130×114	シーボルトより取り返したという。高橋景保作。針穴あり
	文化6年小図四国図	伊能日本実測小図（二）	55×105	陸軍文庫旧蔵。針穴あり
神戸市立博物館	文化元年沿海地図小図	沿海地図	215×254	佐野常民旧蔵。原蔵者不詳。針穴なし
	文化6年特別小図	日本輿地図藁	120×204	来歴不詳。唯一の現存品。針穴なし
	江戸府内図	江戸実測図（南部）	198×314	来歴不詳。針穴なし
	文政4年小図	蝦夷地	162×181	同
		西日本	204×162	
	文政4年大図*2	太宰府付近	97×148	来歴不詳。針穴あり
	日本全図（小図）	日本国地理測量之図	425×390	来歴不詳。針穴なし
イタリア地理学協会	カナ書き中図（文化元年）	蝦夷南部	130×209	初代駐日領事ロベッキの収集品。来歴不詳
		奥州北部	113×191	
		奥州南部	104×192	
		中部	178×125	
		関東	182×122	
	（文化4年）	中国	135×172	
		畿内	141×122	
	（文化6年）	四国	121×151	
グリニッジ国立海事博物館	文政4年小図	蝦夷地	166×184	幕府軍艦方旧蔵。幕末に英国公使経由、英国測量艦へ渡す
		本州東部	265×165	
		西南部	212×164	
国立公文書館内閣文庫	寛政12年大図異本	松前距蝦夷行程測量分図		幕府引継の紅葉山文庫本と伝える。針穴なし
		（1）尻内	82×153	
		（2）山越内	100×100	
		（3）アブタ	104×80	

所蔵者	図　種	題　名	構成・寸法（cm）	備　考
伊能三郎右衛門家（伊能忠敬記念館保管）	文化元年中図	東海・東山・北陸	記念館中図とほぼ同	伊能家控図
		陸奥・出羽	同	同
	文化4年中図	五畿・東海	150×243	同
		中国沿海	161×200	同
東京国立博物館	寛政12年大図	蝦夷地実測図*1	全10舗、1舗重複	浅草文庫旧蔵
		第一図	86×169	
		第二図	117×125	
		第三図	85×168	
		第四図	131×209	
		第五図	129×168	
		第六図	85×168	
		第七図	85×167	
		第八図	85×169	
		第九図	85×168	
	寛政12年小図	蝦夷地実測図小図	全1舗。130×208	浅草文庫旧蔵
	文政4年中図	日本沿海地図中図（清書本）		吉田藩主大河内松平家旧蔵。針穴あり
		蝦夷東	197×154	
		蝦夷西	241×150	
		奥羽	230×162	
		関東	281×151	
		中部	238×147	
		中・四国	220×131	
		九州北	170×154	
		九州南	167×162	
東京大学総合研究博物館	文政4年中図	中部・近畿	231×133	来歴不明。針穴あり
		中国・四国	226×131	
		九州北部	146×162	
		九州南部	151×162	
		東北	202×161	
		北海道東	170×149	来歴不明。針穴なし
		北海道西	234×150	
成田山仏教図書館	文政4年中図	伊能忠敬実測中図		来歴不詳。針穴なし。昭和15年、市中より購入。佐倉堀田家の旧蔵ではないかとの説あり
		第一　蝦夷	170×160	
		第二　北海道	243×158	
		第三　奥羽	213×161	
		第四　関東	273×159	
		第五　中部	229×160	
		第六　中国四国	219×158	
		第七　九州北部	172×159	
		第八　九州南部	160×159	
イヴ・ペイレ氏（フランス）	文政4年中図	第一　蝦夷	191×159	来歴不詳。針穴あり。幕末に来日したフランス軍人が持参したのではないか
		第二　北海道	251×159	
		第三　奥羽	223×159	
		第四　関東	280×159	
		第五　中部	248×159	
		第六　中国四国	234×159	
		第七　九州北部	177×159	
		第八　九州南部	167×160	
国土地理院	文政4年中図	伊能中図写		明治初年、陸軍参謀局で複製。原図は不明
		第一号　東北	201×162	
		第二号　関東	281×151	
		第三号　中部	238×147	
		第四号　中四国	220×131	
		第五号　九州北	167×162	
		第六号　九州南	170×154	
	江戸府内図	北部	185×288	明治期の複写か。昭和42年購入
		南部	196×314	
日本学士院	文政4年中図	日本輿地全図中図		明治42年、東大にあった伊能家控図を模写
		関東	266×156	

伊能図一覧表（2002年8月現在の現存図）

所蔵者	図　種	題　名	構成・寸法（cm）	備　考
伊能忠敬記念館	寛政12年小図	寛政12年測量自江戸至蝦夷西別小図	1舗 203×127	伊能家控図。重文番号37。針穴あり。以下伊能家控図はすべて針穴あり
	享和2年中図	寛政12年享和元年実測地域中図	4舗構成のうち1舗欠本	伊能家控図。重文番号50
		北部ノ一	217×126	
		北部ノ二	165×128	
		南部ノ一	132×165	
	文化元年日本東半部沿海地図大図	歴尾州赴北国到奥州沿海図第一	沿海地図大図の初図の4図を1枚にまとめて描く	伊能家控図。重文番号26
		奥州沿海図第一		
		奥州街道図第一	175×167	
		越後街道図第一		
	文化元年日本東半部沿海地図大図	自江戸歴尾州赴北国到奥州沿海図第二～第二八	1図3舗が1件、1図2舗が1件、全30舗 寸法は約90×180以内。例外は5舗	伊能家控図。重文番号39
		奥州街道越後街道図第二 奥州街道図第三～十一 越後街道図第三～五	全13舗。1舗を除き、90×180以内。越後街道図第3は115×177	伊能家控図。重文番号40
		自江戸至奥州沿海図第三～十九	全17舗。すべて、90×180以内	伊能家控図。重文番号41
		自白川至出羽国第一～五	全5舗。すべて90×180以内	伊能家控図。重文番号42
	文化元年日本東半部沿海地図大図	自高崎三国街道図第一～二	第1　84×153 第2　87×149	伊能家控図。重文番号43
		佐渡国沿海全図	112×175	伊能家控図。重文番号49
	文化元年日本東半部沿海地図中図	沿海地図中図陸奥出羽ノ部　上	奥州北部を描く 194×221	同。重文番号24
		沿海地図中図東海道北陸道東山道　中	尾張より奥州南部を描く。 194×229	同 同
		沿海地図中図　下	蝦夷地。172×230	同
	文化4年中図	東海道歴紀州及中国到越前沿海図中図　上・下	上（畿内・東海）153×224。下（中国沿海）156×208	伊能家控図。重文番号25
	文化4年特別地域図	琵琶湖図一寸二分当一里	104×126	伊能家控図。重文番号27
		琵琶湖図	109×137	同
		安芸国厳島	106×127	同。重文番号28
		天橋立	65×80	同。重文番号29
	文化6年大図	気賀街道図		伊能家控図。重文番号44
		自浜松至長楽村　首	67×81	
		自長楽村至御油　尾	67×81	
		河州若井郡自西郡村和州式上郡至吉陰村（首）	同図2舗。80×159 86×180	伊能家控図。重文番号45
		和州式上郡自吉陰村勢州一志郡至市場村（尾）	同図2舗。81×165 86×180	同。重文番号46
	伊豆七島特別大図	八丈島並属小島沿海地図	163×113	伊能家控図。重文番号30～36
		大島沿海地図	109×123	
		利島沿海地図	80×55	
		三宅島沿海地図	88×109	
		御蔵島沿海地図	79×55	
		新島式根島沿海地図	99×110	
		神津島沿海地図	66×101	
	第9次測量大図	自豆州加茂郡吉佐美村至相州足柄下郡小田原宿沿海地図	96×209	伊能家控図。重文番号38

あとがきにかえて

フランスの伊能中図との出会い

ふとした機縁で現存する伊能図を訪ねはじめてから早くも25年になる。この間における多数の伊能図との対面は、いつも胸をときめかせるものであったが、ひとつの例としてフランスの伊能中図との出会いを挙げてみたいと思う。

フランスに伊能中図があるという記事が出たのは、日本経済新聞の1991年2月6日の夕刊であった。「パリ郊外に住む仏人のイブ・ペイレさんが30年ほど前にブルゴーニュの近くの別宅を改装していて8枚物の日本地図を発見した。75年に東京の地図学会に参加した測量士の友人にスライドを渡して確認を依頼したところ、国土地理院の部長さんから返事があり『伊能図だろうということがわかった。詳しい調査をしたいので、実物大の写真か、コピーを送るように』との連絡があったという。簡単なことではないのでそのままになっていたところ、昨年、娘のマリアンヌさんが研修で来日の機会があって写真を持参した。これを当時（財）日本地図センターの常務理事の金窪敏知さん（元国土地理院長）が見て伊能図と断定した」というような記事であった。

94年になってから追跡してみる気になって日経に電話した。見にいったはずだという人を紹介してもらったが、結局見ている人はいなかった。それでは私がと思い、古地図研究家の師橋さん（故人）に話すと、それは金窪さんが詳しいと言う。早速連絡すると、その日の午後すぐ、イヴさんの手紙、国土地理院の回答などをFAXでいただいた。

すぐイヴさん宛に実見調査と撮影依頼の手紙を送ったが、返事はなかなか来なかった。あきらめていると、新潟の知らない人から娘さんがフランスを旅行中で、イヴさんから「地図見学の件、来週よろしいですよ」と伝えるよう頼まれたと連絡がくる。

来週などという旅行計画は組めないのでその人に相談すると、少しは英語が通じるから電話をしなさいと言われる。こちらからの依頼案件で、しかも知らないフランス人に英語で詫びを言う自信はない。しかたなくフランス人と結婚している友人の娘さんに訪問延期を話していただいた。

いっぽう、手紙を出して様子を聞いてみると、三男が日本人と結婚して都立大学に給費留学生として来日しているという。それではと、二人を白金の八芳園に呼び出して食事をしながら状況を把握する。

95年4月、家内を助手にして撮影の道具を持って渡仏する。パリのメリディアン・エトワールにホテルをとってイヴさんに電話。通訳は朝日パリ支局のアルバイトの人を手配してもらった。

イヴさんと娘さんのマリアンヌさんが迎えに来てくれる。車は町を出るとオルリー空港を左に見てどんどん南下する。バレンビリエという小さな村にイヴさんのお宅があった。18世紀の建物で、一部は17世紀の部分もあるという。旧い物が好きな方である。

二階でお目当ての伊能図の大束と対面。針穴が鮮明で、彩色・描画・文字が丁寧な優品。一瞬息をのむ。全く問題がないのである。フランスに一番よい伊能中図があるなどということが信じられようか。こんなことがあるのだろうかという困惑である。家内がいい地図ですねと言う。そのとおりだ。家内は撮影の手伝いで随分見ているから理屈は分からないが感覚的にはすぐ理解したようだ。

これはどうしても一度日本に持って来てもらわねばならない。撮影しながら、受け入れ体制を整えるので、日本に一度持ってきてほしいと伝える。もちろん返事はもらえない。他日のための一石であるからそれでよい。帰ってから、さっそく佐原市に行って教育次長の香取さんに忠敬の出身地・佐原にフランスの中図を招聘する件を依頼する。

かくて95年10月にフランスの伊能中図の佐原里帰り展が実現した。日経、朝日、NHKが取り上げたので、会期の3日間に3300人が来場した。交通不便な佐原の伊能図展にこれだけの人数が集まったことは、我々にとっては逆の驚きであった。すぐに地図と史料をテーマとする伊能忠敬研究会を結成した。

研究会の活動が、江戸東京博物館の「伊能忠敬展」、「伊能ウオーク」、劇団俳優座の「伊能忠敬物語」の上演に結びついたことを考えると、フランス伊能図が伊能忠敬再発見に果たした役割はたいへん大きいといえるだろう。

（著者）

参考文献

渡辺一郎
『伊能忠敬が歩いた日本』 筑摩書房 一九九九年
『伊能測量隊まかり通る』 NTT出版 一九九七年
「最近における伊能図の所在と近況」『地図三四巻二号』 日本国際地図学会 一九九六年
「東京国立博物館、成田山仏教図書館、(仏)イブ・ペイレ氏ならびに日本学士院蔵の伊能中図について」『地図三四巻二号』 日本国際地図学会 一九九六年
「伊能図見て歩き」『伊能忠敬研究 七号(九六、一二)から一三号(九七、一〇)』 伊能忠敬研究会
「フランスにあった伊能中図の里帰りについて」 地図ニュース二八二号 一九九六年
「徳島大学付属図書館の伊能図について」『月刊古地図研究』二五巻一〇号 日本地図資料協会 一九九四年
「東京大学付属図書館蔵 伊能忠敬測地原図について」『月刊古地図研究』二五巻七号 同協会 一九九四年
「学習院大学図書館 蔵伊能中図について」『月刊古地図研究』三〇一号 日本地図資料協会 一九九五年
『英国にあった伊能忠敬の日本図』自費出版 一九九五年
渡辺一郎・鈴木純子
『最終版伊能図集成』 柏書房 一九九九年
渡辺一郎・斉藤 仁
「伊能図の諸相」『伊能図に学ぶ』東京地学協会編 朝倉書店 一九九八年
伊能忠敬研究会編
『忠敬と伊能図』 アワ・プランニング発行・現代書館発売 一九九八年
小島一仁
『伊能忠敬』 三省堂選書 一九七八年

佐久間達夫
『伊能忠敬測量日記 全六冊』復刻版 大空社 一九九八年
『新説 伊能忠敬』復刻版 大空社 一九九八年
大谷亮吉
『伊能忠敬』 岩波書店 一九一七年
保柳睦美
『伊能忠敬の科学的業績』古今書院 一九七四年
千葉県史編纂審議会
『伊能忠敬書状』千葉県 一九七三年
「千葉県史料近世編」『伊能忠敬測量日記一』 千葉県一九八八年
谷村聖二郎・渡辺一郎
「旧海兵蔵伊能小図の行方について」私家版研究報告 一九九四年
呉市入船山記念館 館報七号
(浦島測量之図および御手洗測量の図の復刻と解説) 一九九五年
秋岡武次郎
「伊能忠敬作成の日本諸地図の現存するものの若干」 地学雑誌第七六巻六号 一九六七年
増村 宏
「伊能忠敬の屋久島・種子島測量について」鹿児島大学文理学部紀要(文科報告)第一 一九五二年
伊能忠敬記念館蔵
『高橋御用日記』(解読・安藤由紀子)
勝海舟全集一七
「開国起源三 英人測量允許の布令」 講談社 一九七三年

●著者略歴

渡辺一郎（わたなべいちろう）

1929年、東京都生まれ。1949年、逓信省中央無線電信講習所（現電気通信大学）卒業。日本電信電話公社（現NTT）計画局員、データ通信本部（現NTTデータ）調査役などを経て、51才で退職。コビシ電機（株）副社長。1989年、通信ソフト会社（株）サン・コミュニケーションズを創立し取締役社長。1994年ごろから「伊能図と伊能忠敬の研究」に専念。1995年フランスで発見された伊能中図を佐原市へ里帰りさせた機会に「伊能忠敬研究会」を結成。伊能忠敬研究会代表理事。

編著書に『伊能忠敬が歩いた日本』筑摩書房、『伊能測量隊まかり通る』NTT出版、『最終版伊能図集成』（共著）柏書房、『伊能図に学ぶ』（共著）東京地学協会編・朝倉書店、『忠敬と伊能図』（共著）伊能忠敬研究会編、『英国にあった伊能忠敬の日本図』自費出版、などがある。

●協力

伊能家史料＝佐原市伊能忠敬記念館・世田谷伊能家／資料＝清水靖夫・安藤由紀子・佐久間達夫／写真撮影＝清水啓二／地図作成＝河内俊之

●地図

本書掲載の測量ルート図9点および伊能忠敬の生地周辺図は、建設省国土地理院長の承認を得て、同院発行の300万分の1日本とその周辺および100万分の1日本を複製したものである。（承認番号　平12総複、第3号）

ふくろうの本

図説　伊能忠敬の地図をよむ

二〇〇〇年二月二五日初版発行
二〇〇五年四月三〇日3刷発行

著者……………渡辺一郎
装幀・デザイン………ファイアー・ドラゴン
発行……………河出書房新社
東京都渋谷区千駄ヶ谷二-三二-二
電話　〇三-三四〇四-一二〇一（営業）
〇三-三四〇四-八六一一（編集）
http://www.kawade.co.jp/
発行人……………若森繁男
印刷……………大日本印刷株式会社
製本……………加藤製本株式会社

ISBN4-309-72624-0